当代建筑表皮信息传播研究

The Research on Information Dissemination of Contemporary Architecture Skin

俞天琦 梅洪元 著

中国建筑工业出版社

U0322395

目　录

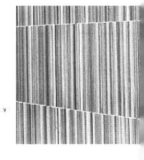

导　论

0.1　信息社会的来临

　　美国学者托夫勒（A.Toffler）在所著的《第三次浪潮》中写道，人类社会的发展经历了三次产业革命的浪潮，第三次则是正在进行的信息革命。这次革命由信息技术的巨大变革引发，深刻地改变了人类赖以生存的信息环境，它标志着信息社会的来临。

　　（1）信息传播的飞速发展　在这样的背景下，整个世界都在发生着深刻的变化。多媒体和国际互联网不断地浸入社会的每个角落，人们从没有像现在这样能轻易地获得大量的信息，信息的表达方式也从没有像现在这样丰富。人类对于"信息"的认识不再停留在原始的经验状态，相关技术的进步，更启发了人们对世界和自身的看法，人类的思维方式和空间概念产生了巨大变化。地球正在缩小，逐渐变成所谓的"地球村"。时空维度上的缩减，一方面使现有的各民族文化在形式上日益趋同，另一方面，整个人类文化在内容上走向多元。这种看似矛盾的发展前景，正是人们通过各种新兴的媒介，在全世界范围内进行信息交流所导致的必然结果。

　　流行的建筑形式、明星建筑师、前卫的建筑理论超越了地区、国界，覆盖世界各地，它们跨越时空，极大地影响着建筑师、业主及市民的审美取向，从而改变着这个世界的建筑面貌。在各文化产业中，视觉符号被大批量生产出来，在相当程度上泛化了的社会信息自然也越来越多地浸入建筑表皮内，使其具有媒体的特征，进而成为信息传播的工具。

　　（2）数字技术的广泛应用　20世纪90年代，建筑行业和整个世界都发现了数字化领域的可能性和蕴藏的潜力。在数字化设计最初的几年里，我们使用的大部分软件都是基于由设计师直接手动输入来塑造他们的设计。随着时间的推移，这些工具在不同层面上增加了设计师的设计需求，使用计算机的代数算法来设计复杂的3D和2D的形状和线条，计算机技术帮助模拟和计算人脑无法想象的复杂运算。目前，建筑行业中应用最普及的计算机及网络技术当属计算机辅助建筑设计（Computer Aided Architectural Design，CAAD），新一代基于建筑信息模型的建筑设计软件，如Maya / MEL、Rhinoceros / VB / Grasshopper、3ds / MAXScript等已崭露头角。这些大大促进了建筑设计模式的变革，以此为基础相伴而生的建筑信息模型（Building Information Modeling，BIM）更是以三维数字技术为基础，集成了建筑工程项目中的各种相关信息，使整个工程的效率和精准程度都大大提高。

信息技术的应用，使建筑表皮向复杂化发展。由于有了数字技术的有力支撑，也使拓扑建筑学的非线性、不确定性与流动性得以实施。它们颠覆了传统笛卡尔体系和欧几里得几何原理，不断创造出新的建筑形式。在空间的数字化与生成化过程中，与传统空间构成方法相比，针对表面的数学操作手段大大增加：折叠、动态、弯曲、扭转等操作手法在定义表面的同时也对传统建筑空间特征进行了新的定义。

可以说，信息技术的应用，驱动了"面"构形态的发展，创造出一批崭新的建筑形态。计算机凭借其难以置信的速度和存储空间，已经成为研究和探索的工具，为我们创造出各种新的可能性来实现我们最天马行空的想象力。建筑的设计手段和人们的设计思路都发生了巨大的变革，建筑设计成为大量信息的整合过程，迥异于以往的传统设计思路。因此，建筑师需要寻找更适宜的信息组织方式，面对这个崭新的建筑设计时期（图0-1、图0-2）。

图0-1　面的折叠[1]

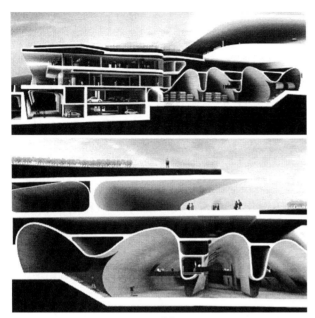

图0-2　佛罗伦萨Antinori新酿酒厂[1]

0.2　建筑表皮的繁荣

　　"表皮"在最近几年一直是人们的热门话题，先是极少主义建筑的兴起让人注意到这个从建筑起源以来就一直存在的事实；而后一些明星建筑师的作品带给人们的视觉冲击，不禁令人们认真思索表皮与建筑的关系。

　　（1）表皮主导建筑设计　今天，建筑及其外表皮较之以前有了更多的变化。当代建筑反映的是一个快速的、数字化和全球文化融合的时代并以市场化经济为导向，建筑要做的是刺激大众的感观并直接提供大量信息。表皮不再提供结构或功能的必要表达，进而转化为建筑设计的切入点，甚至可以替代空间结构成为建筑生成的空间和时间的主导。

　　对建筑表皮的研究已经不再局限于几何形式的美学设计，而更多地关注新材料与新技术的应用、传统材料的创新、生态材料的关注，强调人与建筑的情感

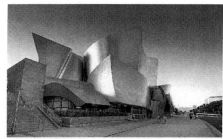

（a）沃特·迪斯尼音乐厅[2]

（b）法国文化交流部[3]

（c）卡利里亚当代艺术博物馆[4]

（d）安联球场[5]

图0-3　表皮建筑的涌现

对话和材料本身的质感表达。这些表皮建筑或者以高技术为前提，或者以图示语言为宗旨。它们带着非常态的建筑外形：折板的、流线的、巨构的……它们选择各种非常规的建筑材料：金属网、锈蚀钢板、印花玻璃……忽然间，现代主义的方盒子似乎一下子过时了，世界建筑似乎在向人们展示它们千姿百态的外衣。一时间，科学、艺术、文化，各个领域的图像都可以贴覆在建筑表皮上，表皮成为这个时代表达概念、传递信息的最佳媒介（图0-3）。例如赫尔佐格和德梅隆利用新的方法使众所周知的形式和材料散发新的活力；扎哈·哈迪德利用炫目的曲面，包裹建筑内部空间的同时塑造出令人瞠目的建筑形体；妹岛和世通过玻璃的二次处理，形成了具有女建筑师特有的细腻、婉转的表皮效果；荷兰的库哈斯（Koohaas）、诺克斯（NOX）、联合工作室（UNStudio），美国的格雷·林恩（Greg Lynn）以及英国的FOA等，大量的先锋建筑师利用先进的计算机技术，通过对表皮的操作，创作了很多特征鲜明的建筑作品，无论是单纯的形态操作，还是对新空间的探索，都呈现出不同的表皮效果，传递出不同的信息内涵。

从20世纪末开始，中国一系列国家重点建设项目在世界范围内进行招投标。其中包括国家大剧院、2008年奥运会体育场、国家游泳馆、CCTV总部大厦等。而上述建筑都不约而同地将"建筑表皮"作为重点设计因素。建筑表皮无论是作为一种概念还是一种设计手法都在建筑界大受关注。表皮逐渐成为建构建筑的一种全新的方法，通过对表皮实现过程的探讨，最终印证建筑的思维逻辑（图0-4）。

（2）建筑设计表面化　不难发现当下的文化中视觉性已经越来越明显地成为"主因"，视觉成分或视觉特性超越了其他文化元素凸现出来。我们的眼睛从来没有像今天这样忙碌过，图像已经成为我们这个时代最丰富也最具侵略性的资源，更成为人们感知、认识事物最简单的方式。建筑表皮作为一种迷人的景象——

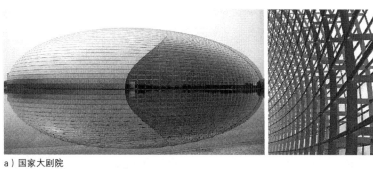

a）国家大剧院

b）北京奥运会体育场

c）国家游泳馆

d）中国国家电视台

图0-4　北京新建筑的表皮设计[6, 7]

经出现便成为众人追逐的焦点。一时间各种关于表皮的文章、评论风起云涌。很多建筑和建筑师都在"泛表皮化"。然而，在建筑形态巨大繁荣的同时，出现了盲目重视建筑表面的图像化表皮，使一些建筑失去了深度感，转而变得表面化。

建筑表面化导致情感缺失　各种各样让人眼花缭乱的建筑外皮使观赏者满足于感官娱乐，忽略了深入的探究，并且冲淡了历史与传统的痕迹。当我们面对城市中错乱的片断或单体建筑所谓"精致"的图像表皮的时候，除了惊叹和眩晕外，还能体会到其中的文化意味么？建筑表皮化实际上是建筑全球化的一个显著特征，世界建筑走向另一种意义的"普适"。这种建筑形式可以出现在世界任何一个地区。在这种自我欣赏、自我满足的形式意象中，表皮形式的热闹恰恰反映了建筑与环境的孤立。建筑缺少了与地域传统和地域文化的联系。雷姆·库哈斯就曾说过："表皮的独立和功能的混杂性使类型学失去了意义，表皮的暧昧意味着建筑的暧昧，建筑不再具有明确的可识别性。"从这一点上看，表皮化导致了一种危机，它有利于消费资本的控制，却使地区和世界多样性的、不可替代的文化资源衰竭。[8]

建筑表面化导致生态危机　由于中国空前繁荣的建设浪潮，为了追求所谓的"注意力经济"和"眼球经济"，盲目的推崇与模仿，使建筑越来越流于形式，对表皮的偏好一旦走入"表面化"的漩涡，表皮便成为建筑的外包装而脱离了建筑本体，采光、通风、遮阳等物理需求也完全被忽视。在一些建筑项目当中，片面强调表皮形式，忽视与之相适应的技术逻辑，造成了大量漠视环境和现实条件、铺张浪费的"表面化"建筑的诞生。这些建筑给环境带来巨大压力，同时也造成了巨大的经济浪费。

建筑表面化导致经济浪费　由于过于追求表面效果和眼球经济，使得两层表皮甚至多层表皮的建筑层出不穷。花巨额造价来追求形式，造成了巨大的材料浪费。真正好的建筑形式是符合基本需求的适度创新，是与功能完美结合的。单纯的新奇，只能是夸张的噱头。另外，经济要求建造的模式适合国情。今天的中国还有那么多的贫困地区和失学儿童，我们没有理由铺张浪费。

因此，如何设计建筑表皮，如何适度地通过建筑表皮反映社会信息，成为当代建筑师必须关注的问题。

0.3　传播学在建筑领域的应用

传播是人类通过符号和媒介交流信息，以期发生相应变化的活动。首先，传播是人类的活动。认识传播的主体和轴心，人既是信息的传播者又是信息的接受者；既是行为的施控者，又是行为的受控者；既是产生传播的原因，又是导致传播的结果。第二，传播是信息的交流。传播学的目的是理解人类如何创制、交换和解读信息。在人类传播活动中，信息是最核心的东西。信息作为传播的内容，就像没有搬运的货物一样，没有信息就无所谓传播。第三，传播离不开符号和媒介。符号就是信息的具体袒露，媒介是符号物化的载体。符号和媒介是一切活动赖以实现的中介。最后，传播的目的是希望发生相应的变化。无论传播信息还是接受信息，每一个参与活动的人，都是有意图、有目的的，不管他是否能意识到。

传播学是研究传播行为和传播过程发生、发展的规律以及传播与人和社会关系的学问。"传播学"作为一门相对独立的学科，问世至今不过半个世纪。传播学诞生于美国。哈罗德·拉斯韦尔（Harold Lasswell）可谓传播学的创始人。他的著名论断"谁？说些什么？通过什么渠道？对谁说？有什么效果？"引申出"控制分析、内容分析、媒介分析、受众分析和效果分析"五大研究课题，为后来传播学发展成五大传播理论奠定了基础。1949年，美国学者威尔伯·施拉姆（Willbur Schramm）编辑出版了《大众传播学》，第一次提出大众传播学的框架，它标志着大众传播学正式成为了一门独立的学科。施拉姆将传播学作为一个独立的新兴学科，以多种学科和多种方法来分析，并对已有的传播研究成果加以认真整合，从而将这一研究推向更加自觉地阶段。目前，有关传播学的理论种类繁多。一般性理论有机构和功能论、认知和行为论、互动和习性论、阐释和批判论等；在主题性理论中有控制分析、内容分析、媒介分析、受众分析、效果分析等；在层面性理论中有人际传播论、群体传播论、组织传播论、大众传播论等。

传播学的壮大是建立在社会发展和学术进步的基础上的。宏观上，现实社会及经济形态中信息资源的地位越来越高，信息流动带来的价值和效益越来越大。微观上，在人们的日常生活中，信息及信息传播媒介的不可或缺彰显出它的重要性[9]。工业化使整个世界连成一片，其必然结果之一就是传播活动的日益频繁化和复杂化。

传播学作为一种研究问题的方法，就是要从传受关系的角度看待和分析各种社会关系[10]。在建筑传播活动中，社会上一部分人通过建筑这个媒介与另一部分人形成了一种传受关系，在这种关系形成与作用的过程当中，传播了关于生活方式、审美方式、文化特征等建筑物所承载的信息内容，并在这一过程中建立起一定的社会关系。本书就是利用传播学关于传受关系的理论对建筑表皮的传播过程加以分析，将传播学理论与建筑专业知识交叉嫁接，从而启发思想、完善和扩展传统建筑理论关于表皮的设计和理论。[11]

传播学的理论逐渐成熟后，作为一门方法学，开始向其他研究领域渗透，建筑学也成为一些传播学者的研究范围。在最近的几十年中很多学者从传播学、符号学、信息学等角度认识建筑，提出了很多相关论述，下面介绍主要的几种观点。

本泽的"符号设计" 马克思·本泽（Marx Benz）是德国现代著名的美学家，他对信息学在美学中的应用做了深入的研究，他的著作《符号与设计——符号学美学》较早地提出了符号–传播的相关论述。本泽将世界中事物发生过程归为两类：一类是物理过程，另一类是传播过程。建筑设计正是第二类——传播过程。建筑形式仿佛是一个超级符号。建筑师是信息的发送者，建筑是信息的载体，大众是信息的接收者。

艾科的"大众传播" 意大利著名的符号学家恩伯托·艾科（Umberot Eco）在他的《功能与符号——建筑的符号学》一书中，明确表达了"建筑的大众传播性"的观点。艾柯认为建筑的"表达"一般是针对大众要求的，是一种心理上的说服指导。仿佛用一只轻柔的手，暗示你"跟随"建筑信息中的"指令"，并去完成这个指令[9]。建筑所传播的信息相比普通意义上的大众传播更加复杂、模糊。

拉普卜特的"环境意义" 美国建筑理论家阿摩斯·拉普卜特（Amos Rapoport）从"人–环境"的角度展开研究。在他的著作《建成环境的意义——非言语表达方法》中，把建筑设计作为一个交流的过程，并总结出这个过程的基本要素：发送者、接受者、渠道、信息形式、文化代码、主题、脉络或景象。这种非语言的表达方式，正是某种意义上的传播。他认为，设计者与使用者对于环境的感受具有很大的差异，关注的侧重点也有所不同。但我们更应该关注使用者的心理感受，而不是建筑师或评论家的意见。

虽然对于这一领域的研究仍然非常稀少，但已经可以看出人们对建筑设计过程中信息传播的逐步重视，以及在这个传播过程中建筑与受众之间信息的互动关系。将传播学应用于建筑表皮设计，仍是一个崭新的领域。表皮作为人们与建筑目视交流最直接的信息载体，本书把它的整个设计传播活动作为研究的对象，打破了以往片面性研究，具有一定的创新性。将建筑设计的视野拓宽到社会文化领域，在这样一个信息化浪潮席卷的社会时期，具有现实的指导性。

第1章
建筑表皮信息的传播特性

　　本章从传播学的角度，分析了建筑表皮的传播特性，从而寻找传播学与表皮设计交叉研究的切入点。建筑表皮信息建构是在满足建筑本体功能、形态、空间需求的基础之上的，它们是表皮的信息源。建筑表皮信息传播的媒介主要由材料、结构、构造组成，它们是表皮的传播媒介，是信息编码的物质手段。建筑表皮信息传播由受众认知完成，受众认知的前提、途径以及受众认知的社会环境，都将影响到受众的认知效果。

1.1　建筑表皮的概念

1.1.1　建筑表皮

"建筑表皮"是最近几年的热门话题。这个自建筑起源以来就一直存在的事实，在不同时期、不同的语境下，呈现不同的表义。因此，为了使研究方向更加明晰，笔者要先对一些相关概念进行区分，进而界定本书的研究范围，使研究更加具有针对性。

1.1.1.1　概念阐释

（1）建筑表皮与立面装饰　建筑表皮和立面装饰是很容易混淆的两个概念。表皮在一些建筑中和立面的概念有交叉，但并不能混淆。"表皮"要比"立面"的概念更宽泛，表皮是包裹建筑的外皮，而立面往往被孤立为东西南北四个方向的面；由于建筑支撑结构的不同和建筑表皮在建筑支撑结构中的作用的差异，立面往往停留在装饰层面，而表皮设计则涉及整个建筑设计过程。

由此可见，建筑表皮并不是"表面装饰"，而是一种新的建筑观念。这个观念的诞生使认识和理解建筑问题的角度发生了巨大变化，同时也为建筑设计和创新提供了新的视角。

（2）建筑表皮与表皮建筑　表皮建筑是指："建筑主要由表皮构成，即：表皮形成结构，表皮形成分割，表皮形成楼层，表皮形成屋面，表皮形成饰面，表皮融入基础，表皮触入地面，表皮形成门窗，表皮形成表皮。"[12]在表皮建筑当中，建筑表皮完全主导整个建筑，成为建筑的覆层，将建筑完全包裹其中。这类建筑是数字技术的高度发展和视觉艺术的日益膨胀的综合产物，本书所研究的表皮涵盖这一类建筑的表皮。

因此，如果说表皮建筑的"表皮"是狭义的建筑表皮，那么，本书所研究的"表皮"则是广义的建筑表皮。

1.1.1.2　概念界定

"表皮"在《辞海》中的定义是："人和动物皮肤的外层……是植物体和外界环境接触的最外层细胞，其结构特征与其功能密切相关……有防止水分失散、微生物侵染和机械或化学损伤的作用……为体内外气体交换的孔道，调节水分蒸腾的结构……"[13]

在英文当中，对于建筑表皮有许多的对应词，如skin、surface、facade、elevation等，可见，人们对建筑表皮的理解是各有倾向的。不仅如此，随着社会的更迭，这个概念在不同时期也产生了不同指向。古典主义、现代主义、后现代主义的表皮观均基于二元对立的思想。然而，处在这样一个后工业、信息化时期，当代建筑表皮，既不应该是"立面装饰"，也不应该仅仅指代包裹建筑的"皮"，而应重新考虑成"界面"（interface）。对建筑而言，表皮是"有厚度的外界面"，它包括建筑外立面、屋顶、内部立面乃至门窗、家具等建筑构件，其所连接的是包括室内外空间在内的不同空间。

因此，建筑表皮是建筑与外部空间直接接触的界面系统，以及其展现出来的形象和构成方式。

（1）**从物质–实体的客观形式分析**　表皮指的是覆盖在建筑最外层的结构，形成建筑的外部形式。笔者认为，将建筑表皮的"表皮"二字可以拆解为"表"和"皮"来理解更为恰当。"表"有"表面"的意思，起到围合、维护的作用；"皮"也就是"皮肤"，起到呼吸、调适的作用。二者的侧重点不同，但结合起来可以表达这样一个概念："像皮肤一样的建筑表面"。当内外表皮被区分时，外表皮所对应的就是"建筑外观"，而内表皮所对应的就是"建筑室内"。本书主要以建筑的外表皮为研究对象，以此来研究建筑与环境、建筑与受众之间的信息接收与传递。

历史上有关表皮的研究，多从"表皮–结构"或"表皮–功能"等二元对立的角度进行，表皮在二元结构中长期处于从属地位。表皮的真正觉醒始于信息化浪潮，技术的发展为表皮提供了前所未有的自由空间，表皮与形态、表皮与空间、表皮与结构的关系发生了巨大转变，表皮获得了自治的机会。

（2）**从精神–表现的主观形式分析**　表皮指的是作为图像形式在人们思维中的反映。建筑表皮实际上是一种建筑新观念。这个体系的诞生导致认识和理解建筑问题的角度发生了巨大的变化，同时也为建筑设计和创新提供了一个新的视角。这也是广义的建筑表皮。

建筑表皮不但是建筑空间意义形成的关键，更是建筑意义承载与表达的关键。当今一些建筑失语的重要原因就是建筑表皮的失语，一些建筑师对建筑表皮认知模糊，甚至将建筑表皮直接等同于建筑立面来看，充分表现出建筑师对于建筑表皮认识的贫乏。本书不再以传统的平、立、剖的二维视角去图解建筑，也不是以现代主义空间、实体、界面的观点去抽象地思考建筑。而是将建筑放到一个较大的范围中，通过表皮与视觉、表皮与心理的信息传递，建构起一个新的建筑设计方法。建筑表皮正是这种思考方式的最终结果：通过有目的的设计，将建筑形式转化成建筑的意义，建筑表皮成为建筑意义的载体和意义传达的媒介，从而创造有意义的建筑形态。

此外，当代建筑学被引入更广泛的理论和哲学范畴，"表皮"也被引入新的内涵。表皮在不同的语境当中呈现出动态的概念，因此，对于建筑表皮的认知也需要追随概念转换的轨迹。建筑表皮的定义就在这些转换对比过程中显现出差异与相似，从而逐渐明晰。

1.1.2　信息传播

传播学（Communcation Science）是一门探索和揭示人类传播本质和规律的科学，也是传播研究者在最近几十年对人类传播现象和传播研究成果进行系统分析和有机整合而发展成的知识体系[14]。其中信息的传播是传播学研究的核心内容。科学的传播理论既向人们阐述信息传播的基本原理和知识，也向人们提供增强传播效果的种种对策，传播学可以帮助传播者按照传播规律正确地解决传播问题和有效地组织传播活动，不断提高传播效果，以获得更大的效益。

1.1.2.1　信息的概念

根据信息论的创始人克劳德·申农（Claude E. Shannon）的定义，信息是"两次不确定性之差"，即信息就是能够减少或消除不确定性的东西。信息是传播的客体，是传播的基本内容。因此，从传播的角度来看，信息可以被看作是物质载体和意义构成的统一整体。

信息具有一些固有的特征[15]：

客观性和普遍性　只要有事物存在，只要有事物在运动，就存在着信息，信息无所不在、无时不在。

表达性　一方面表达了物质运动状态、物质运动变化的方向性，表明了物质系统的组织程度、有序化程度以及系统朝着有序或无序的方向发展；另一方面表达了物质系统的差异性，没有差异就没有信息，它必然表达了事物的差异。

流动性　任何事物的运动都伴随着信息的流动。这种信息的流动过程就是信息的获取、传递、编码、译码和反馈的过程。因此，信息的传递过程必然伴随着一定的物质运动和能量转化。信息扮演了主观世界和客观世界的桥梁作用。客观世界作用于主观世界，主观世界反作用于客观世界，都需要信息的传递。

1.1.2.2　传播的概念

"传"与"播"合成为"传播"一词，始见于《北史·突厥传》"宜传播天下，咸使知闻"。含义为长久而广泛的宣传。1945年11月16日，在伦敦发表的联合国教科文组织宪章在阐述"两个以上行为主体之间进行的关于精神内容的传递和交流"的概念时，使用了英文单词"communicaition"。其后，在汉语里将其译为"传播"。可见，"传播"一问世，就指的是"信息"的传递和交流，而不是指物质形态物品的传递和交流。

传播现象渗透到社会生活的方方面面，它与各个学科之间的交叉研究具有不同的意义和作用，因此，对传播概念的界定也各有差异。其中主要有五类：

"共享"说　强调传播是传播者与接受者对信息的共享。亚历山大·戈德（A. Gode）将传播定义为："使原为一个人或多数人所独有的化为两个或更多人所共有的过程。"威尔伯·施拉姆（W. Schramm，1971）也认为传播关系即"意味着共享那些代表信息和导致一种彼此的了解汇集到一起的符号"。

"影响"说　强调传播是指传播者试图通过劝服，对受传者施加影响的行为。美国学者霍夫兰、贾尼斯和凯利认为，传播是指某个人传递刺激以影响另一些人行为的过程。贝罗德也认为，传播的基本目的就是成为有影响力的人，去影响他人，影响周围的物质环境以及影响自身。

"反应"说　强调传播是客观事物对某种刺激所做出的反应。认为无论何种事物，当他遇到某种刺激时，必然会做出相应的反应，这就是传播。如美国学者史蒂文斯说，传播"是一个有机体对于某种刺激的各种不同的反应"[14]。

"互动"说　强调传播是传播者与受传者之间通过信息传播相互作用、相互影响的双向性和互动性。格伯纳（C. Gerbner，

1967）后来进一步解释道：所谓传播，就是"通过讯息进行的社会的相互作用"。

"过程"说　强调了信息从传播者经由媒介流向受传者这一过程的完整性和连续性。如果传播缺乏基本要素或者传播中断、阻塞，就不能构成传播的过程并发挥功能。

因此，传播是通过符号和媒介交流信息以期发生相应变化的过程。

对于建筑学而言，传播，是传播者与接受者通过建筑进行信息交流与分享的过程；是建筑师与使用者通过建筑对彼此行为方式、审美观念等相互影响的过程；也是传、受双方通过建筑满足各自需求的过程。我们需要研究这些过程中信息的流动，以及影响传播效果的因素。

1.1.2.3　信息传播的模式

信息传播主要有以下三种基本模式：

线性传播模式　1948年，拉斯韦尔（H. Lasswell）最先在《传播的社会职能与结构》一文中提出了"五W模式"，将人们每天从事的传播活动，简化成五个环节（图1-1）。这是一个单向的、线性传播模式。这种传播模式目的在于寻找信息和接受者之间直接的因果关系。这种模式的不足之处在于把传播理解为单向的过

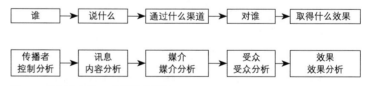

图1-1　拉斯韦尔的5W传播模式[14]

程，忽视了人的主观能动性。

循环和互动模式　1954年，奥斯古德（C. Osgood）认为传播的信源和信宿并不是相互独立的。施拉姆在《传播是怎样运行的》一文中，在奥斯古德的基础上提出了"循环模式"，即奥斯古德与施拉姆的循环模式（图1-2）。但是，它也有其自身的不足之处：这种模式虽然比较适用于人际传播，但不适合于大众传播。模式所暗示的传、受两者平等的、等量的传播观念，在大众传播中是找不到的。大众传播是一种不平衡的非等量的传播。

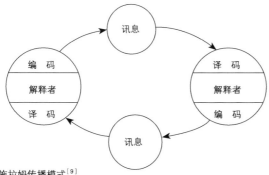

图1-2　施拉姆传播模式[9]

系统传播模式　1959年，美国一对从事社会学研究的夫妇J·W·赖利和M·W·赖利在《大众传播与社会系统》一文中，提出了系统传播模式。赖利夫妇指出，每个传播过程除了受到内部机制的制约以外，还广泛地受到外部条件的影响。在这个传播过程中，微观、中观、宏观，各个系统相互作用，互相独立又互为关联。这些系统的多重性和联系的广泛性，体现了传播的复杂性（图1-3）。

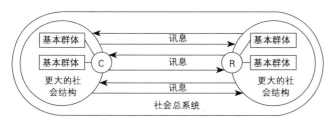

C=传播者　　R=接收者

图1-3　赖利夫妇传播模式[9]

1.1.3　建筑表皮与信息传播

1.1.3.1　建筑的大众传播性

建筑作为信息载体的历史可以追溯到建筑出现的那一刻。建筑不仅记录了人类文明发展的轨迹，同时还是一个阶段，人类活动、法律制度、民族心理等社会生活的一种外在的物化表达方式。

媒介即中介或中介物，存在于事物的运动过程中。传播意义上的媒介是指传播信息符号的物质实体。建筑除了给人们提供生存与活动的空间和视觉愉悦以外，还是社会中人与人之间关系的重要联系纽带。通过建筑，社会中的一些人可以向另一些人传播生活方式、审美方式以及各种文化特征，甚至还可以传递时间信息。建筑是人体功能的延伸，建筑既是直接作用于人体的实体，又是一种存在于人与人之间的媒介，因此，建筑是信息的载体。

在传播学的研究中，"大众传播"是核心概念之一。而建筑设计非常符合大众传播的特征。当真正的职业建筑师出现后，建筑设计活动明确地形成"少数人-媒介-多数人"的形式，这正是大众传播的形式。首先，建筑具有众多的且性质不固定的受传者。他们可能是建筑的使用者、观赏者或建筑的评论者，这些人都与建筑发生各种各样的关系。其次，传播者是一个机构或一个组织。在以建筑作为媒介的传播活动中，总有一小部分相对固定的人在从事决定建筑修建成什么样子的工作。而大多数人都是生活在建筑所构成的城市中，大量信息从一方流向另一方，受传者反馈给传播者的信息则较少。最后，信息在传播的过程中大量复制。建筑处于城市的某一个固定位置，但通过城市中人群的流动，可以把信息内容复制给大量城市中的人，从而达到信息大量传播的目的。建筑所传播的信息更多的是抽象的，而不是具体的。

1.1.3.2　表皮的视觉传播性

（1）建筑表皮的信息传播是以视觉为主、其他途径为辅的传播活动　在视觉研究中，对于视觉传播行为的理解有着广义和狭义之分。广义的视觉传播行为，泛指不是由单纯纸质文字媒介和单纯视觉媒介传播信息，而由视听媒介或视觉媒介传播信息所形成的一种社会文化传播现象。狭义的视觉传播行为，侧重于纯视觉媒介传播信息所形成的一种社会文化传播现象。

视觉的内容包含面十分广泛，是一个从早期的"视觉物"研究、20世纪的"视觉行为"研究到当代社会的"视觉文化"研究的转变过程，也是一个由物质层面的视觉艺术、视觉事件、视觉媒体向社会文化层面渗透的过程。这个过程逐渐清晰呈现于当代的信息社会，消费的刺激使得视觉文化无孔不入，视觉技术的进步使视觉文化不断更新，视觉符号的明晰使视觉文化更具有时代特征。本书正是基于表皮的视觉传播为基础的信息传播研究。

（2）建筑表皮的信息传播是一种自由开放的传播活动 建筑的传播活动不存在明确的针对性，具有模糊性特征。所谓"模糊性"主要指客观事物差异的中间过渡的不分明性存在着一种"亦此亦彼"的过渡状态。建筑学科所涉及的因素非常众多，复杂性越高就意味着有意义的精确化程度越低，因此人们只能抓住主要部分而略去次要部分。在这个过程中，信息的主次完全取决于建筑师与受众之间的信息共鸣。建筑视觉语言的特点即是多义性。同样的一个视觉符号可能表达很多意思，不同人的理解意义相差甚远；同样的视觉符号，在不同的文化区域中所代表的意思也可能不尽相同。

当代建筑表皮与受众之间的信息传播是互动的。受众本身是建筑的体验者。当建筑表皮趋向透明的时候，建筑内部的人的活动即成为表皮信息传播的一项内容；当建筑表皮应用了媒体技术的时候，电子屏幕成为表皮的一个组成部分，同时释放出大量的信息，信息掺进了时空的因素，变得更加开放灵活；另外，建筑表皮还在应用一些高科技感应材料，当人体的温度或肢体接触到表皮的时候，表皮就会发生相应的变化，信息在这种体验行为中被感知。这些信息的传播，都与人的参与密不可分，它们跨越了时间与空间，具有很大的可变性和不确定性。

（3）建筑表皮的信息传播是动态的、综合的传播活动 建筑表皮的信息不是单一、固定不变的。在当代的信息社会，建筑的表皮设计涉及科技、文化、艺术、政治、经济等广泛的领域。建筑表皮所传达出的信息也不是单一的，而是多种信息的交融共生。多元化的信息在时间与空间的变化中进行传递，信息准确、有效地传达取决于建筑师对信息的编码。建筑表皮的不断进步，是伴随着科技的不断发展以及各种各样复杂的社会因素。表皮所反映出的信息也是随着各种社会因素的更迭不断变化的。它是人们一个阶段审美习惯、生活方式以及科学技术等的直接反应。

建筑是一个历时性的艺术品，一些历史建筑经历了多个时代。那么，这些建筑表皮在不同时代所反映的信息是不同的。例如，以玻璃、钢为主要材料的建筑表皮在现代主义时期和当代都是非常常见的；但是，在这两个时代背景下，表皮所表达的信息内涵却有着很大的差异。

图1-4　古典主义建筑立面[17]

1.2　建筑表皮的发展阶段

建筑的表皮在建筑发展的历史过程中几经变革，建筑历史中的每一次灵光一闪，都会在遥远的过去或不远的将来寻找到它的影子——即使这个影子是模糊的。建筑艺术如同生命一样，就是在这样周而复始一次又一次的循环中完成了它向更高级、更复杂的方向进化[16]。

建筑表皮的发展主要经历了三个历史阶段。

1.2.1　形成附属身份——表皮的装饰化

1.2.1.1　表皮从属于功能的原始阶段

有关建筑表皮最初的探讨始于森珀（Gottfried Semper），他在1851年出版的《建筑四元素》中将原始的居住体分为："炉膛"、"屋顶"、"围合物"和"基础"。这里的围合物可以看作建筑表皮的最初形态。这一时期，建筑是纯功能的物质本体，建筑表皮完全从属于功能，处在朴素、本真的原始阶段。当彩绘和雕刻被作为墙体覆层的表现手段时，建筑表皮开始具有纯使用要求之外的装饰特性。不同的文明之间的建筑差异在结构材料有所呈现之外，更多地表现在了建筑的内外表皮上面，文明符号在建筑表皮的物化表现十分突出。

1.2.1.2　表皮从属于结构的古典主义阶段

整个古典主义时期是各个文明兴起和发展的阶段，也是建筑表皮符号特性发展的最为重要的时期，生产力进步所带来的技术更新和产业调整使得建筑内容本身发生了变化，建筑表皮随之发展变化。古典建筑的表皮建立在二维平面基础上，以浮雕和纹饰为主，运用建筑元素与母题来表现建筑的装饰意味。大量运用的装饰往往直接附着于承重体系上，仅仅起到符号语言的作用，却无法从承重结构的角色中脱离出来（图1-4）。阿尔伯蒂（Leon Battista Alberti）通过身体的隐喻和性别的特征来描述建筑表皮，从而建立了二元对立理论。他认为建筑首先是裸露地被建造出来的，而后才披上装饰的外衣。这也就是说，此时的表皮，由于技术的原因，完全依附于结构而存在，表皮是位于从属地位的，结构才是主角。这一时期，建筑形象的各个面被区分对待，遵从不同的"立面"原则，主立面与从立面差别显著。表皮从属于建筑的功能和结构，仅仅是不同立面上、不同等级的装饰符号。

1.2.2 打破从属关系——表皮的表情化

现代建筑表皮较之古典主义建筑表皮有了本质上的转变。1923年柯布西耶出版了重要著作《走向新建筑》，把建筑划分为"体量"、"表皮"和"平面"三个要素。在柯布看来，体量作为纯粹几何体块的创造是建筑艺术的基础，平面是建立三维体量的手段或生成要素，而表皮的处理可以强化或破坏体量。由此可见，表皮不再是功能与结构的附属品，它迈入了自主、独立的历史阶段，成为有生命的机体，具有了自身的情感属性。虽然它时而冷漠、时而调侃、时而炫耀，但正是这种表情的变换，体现了表皮自身的独立和日臻成熟。

1.2.2.1 理性的现代主义表皮

工业化浪潮使反装饰近乎成为立场问题。"形式追随功能"体现了以功能为中心的建筑主旨；"砖就应该表现砖"强调了建筑的意义应该通过构造自然的形成；"住宅是居住的机器"则表达了工业社会的审美情趣。在这些理念的指导下，现代建筑师刻意淡化建筑表皮的存在以消除表皮对功能的干扰。建筑表皮呈现了机器般的裸露与清教徒般的表情。[18]

现代主义善于以雕塑的体型和预制工艺的结合作为营造的手段。混凝土建筑虽然能带给人们无数遐想，但混凝土肌理的粗糙和色彩的单调仍旧是工业文明的反应（图1-5）。即使到后来的安藤忠雄对混凝土美学进行了更深层次的实践，仍没有背离现代主义的主旨。这些建筑的表情始终是冷静的。玻璃与钢完美结合的建筑实践、具有大面积玻璃窗的包豪斯学校等，都展现了建筑的整体性与纯粹性。然而，抽象的形式却抑制了情感的宣泄。极端简洁的建筑风格和几乎裸露的建筑骨架使建筑始终处于极度冷静的状态，玻璃与钢材本身更带给人们冰冷的感受。这些都说明了

图1-5 范斯沃斯住宅[19]

建筑表皮在当时的边缘地位：现代主义时期，表皮的物质功能虽然独立了，但精神功能依旧处于从属地位（图1-6）。

1.2.2.2 炫耀的高技派建筑表皮

高技派建筑继承和发扬了现代主义的理性、实验性的工作方法，产生了新的关于机器的建筑形式语言。建筑表皮以现代技术为手段，强调科技材料的质感和结构优势，达到具有工业化象征

图1-6 日本京畿道珍奇馆[20]

图1-7 高技派建筑的机械表皮细部[21]

性的特点。在这里，技术不再是手段，而成为建筑表现的目的。裸露的技术管网旨在表达现代生活和生产的流程。

诺曼·福斯特（Norman Forster）设计的巨构机器——汇丰银行，是一个巨大的"高技派"宣言。建筑物总高180米，耗资52亿港币，是当时世界上最昂贵的建筑。建筑师大胆采用钢骨及玻璃为基本建材，超尺度的巨型钢桁架成为建筑立面的主旋律。这些夸张的技术符号毫不遮掩地炫耀着技术至上的理念，每一根杆件，似乎都传递着巨大的力的作用。伦佐·皮亚诺（Renzo Piano）和理查德·罗杰斯（Richard Rogers）合作的巴黎蓬皮杜中心采用了同样的"内皮外露"的表皮处理方法。整个建筑几乎全部由金属构架组成，所有构件与管道均暴露在外，并涂上鲜艳的色彩。一时间，烦琐、炫耀的机械表皮成为时代的标志（图1-7）。

虽然早期的高技建筑运用技术手段营造了一系列富有强烈时代感的建筑形象，却忽略了建筑与环境、建筑与人的关系，使建筑普遍存在着缺乏情感、机械、冰冷的问题。尽管如此，高技建筑表皮建构中重视构件表现的传统，直接影响了后来的"双层表皮"、"复合表皮"，同时，也为后来高技建筑在回归技术人本主义、回归历史地域主义的道路打下了基础。

1.2.2.3 调侃的后现代主义表皮

后现代建筑与高技派处于同一历史时期，但后现代主义解构建筑的同时，彻底解构了二元对立中表皮的从属地位。1966年，文丘里（Robert C. Venturi）在《建筑的复杂性与矛盾性》的书中，探讨了建筑表皮和建筑空间的复杂关系，将表皮提升到了与建筑内容平等的地位上。他主张打破现代主义的清规戒律和单调刻板的形式，以各种装饰符号来丰富建筑，使之具有更为大众的娱乐性。

传统美学是理性主义的，讲究主题明确、表义清晰。而后现代主义时期建筑则追求调侃、暧昧，强调作品的多重译码。他们主张表皮含义的多重性与兼容性，可随审美主体文化背景的不同而变化；他们强调表皮构成的随机性，强调多种对立因素共存的美学效果。采用局部与整体等价处理，各种相异要素混合杂陈，多种历史构建堆砌叠合；设计感情化、幽默化，是后现代设计者惯用的手法。

彼得·戴维森（Peter Davidson）设计的墨尔本联邦广场（墨尔本，澳大利亚，2004）的表皮，可以用诡异奇特来形容（图1-8）。这个建筑群，面朝雅拉河，位于佛林德斯街上。广场可以容纳1万名观众来欣赏露天音乐会和露天电影。按照几何学原理通过三角形使立面呈现不同方向的视觉效果。大面积不规则的构图和突兀的外观，让人产生没有完工的错觉；澳大利亚石、锌制板材以及玻璃三种不同材料的拼贴使用，促成了这座建筑的非凡；引人入胜的色彩转换处理，给人们的视觉带来兴奋感和新鲜感。设计者试图通过随意的拼贴赋予建筑更多的文化性以及趣味性，在含混冲突的美学特征中表达更为深刻的内涵。

图1-8　墨尔本联邦广场[22]

1.2.3　建立主导地位——表皮的信息化

表皮虽然在后现代主义建筑中受到重视，但是真正繁荣还是在当代信息化的浪潮中。信息技术的飞速发展，提高了人们的认知能力、拓展了人们的认识范围，深刻地改变了人类的知觉世界。建筑在大范围内、以大尺度进行着信息的制作与传播。表皮成为信息的载体，通过视觉形式和非视觉形式语言表达出人们的各种欲望。建筑师借助数字工具，赋予表皮各种奇异的视觉效果，使建筑具有强烈的可识别性，建筑逐渐走向表层，表皮占据了建筑的主导地位。法国哲学家德勒兹（Gilles Deleuze）出版的《折叠:雷布尼兹和巴洛克》，提出了一个折叠的世界。这种哲学观点是一次对建筑内外表皮统一化的设想，也揭示出：当建筑表皮具备结构和材料的双重属性时，表皮可以成为建筑的空间与时间的主导。

1.2.3.1　表皮形态与建筑内容分离

新兴的数字信息技术不仅削弱甚至颠倒了表皮与结构、表皮与功能之间的关系，表皮不再需要反映建筑内部的功能和空间，也不再是技术的附属物。空间与表皮、结构与表皮之间的二元等级和因果决定关系被弱化，建筑表皮被当做一个独立艺术对象来处理。

表皮呈现出整体化趋势。当代建筑的墙面、屋顶等都延续成一个整体。人们再也无法从建筑表皮上一目了然的看穿建筑内部的空间属性。如格拉茨新艺术馆被当地人称之为"友善的外星人"。建筑采用自然生物体形态，流动的曲面体量具有不可复原

图1-9 格拉茨美术馆[23]

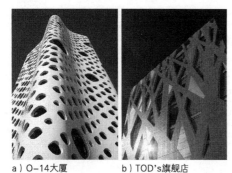

a）O-14大厦   b）TOD's旗舰店

图1-10 表皮图示化[24]

为简单形体的复杂性。表皮柔软光滑，富于动感，给人含混、黏软的视觉感受。在此，人们已经无法从流体般的表皮中解读部分与整体的比例关系，传统审视表皮的标准在此处于失语状态（图1-9）。

表皮呈现出图式化趋势。"视觉性"越来越明显地成为主因，超越了其他文化元素而得以凸显。伊东丰雄（Toyo Ito）在东京表参道设计的TOD'S大厦的表皮，从交织的树干中得到启发，将管状的柱子做成抽象的树状结构并包裹于建筑空间之外。RUR事务所在迪拜设计的O-14大厦的表皮，从多孔织物中得到启发，形成很多大小不一的圆形空洞以满足采光、通风等要求。虽然这些表皮融入了先进的技术，具有结构与生态的意义。但不可否认，强烈的图示感，仍旧是设计的重要初衷。这些建筑表皮，带给人们巨大视觉享受的同时，也颠覆了表皮与建筑传统的对应关系（图1-10）。

1.2.3.2 表皮成为信息传播的媒介

在当代建筑师的设计中，媒介成为表皮的材料，而表皮成为媒介的载体。建筑表皮所传达的信息量成倍增加，其传播方式也大为改观。高清晰电子屏幕、虚拟现实装置、视觉图像、文字符号都可能作为一种特殊的"建筑材料"成为表皮构思的源泉，表皮独特的信息景观彻底改变了建筑与环境的相互关系（图1-11）。

从技术表现角度，这一现象的实质就是将表皮从空间与功能中分离出来，仅仅作为一种技术化的外套。媒体影像技术和数字技术表皮动摇了现实建筑中表皮的真实性，使表皮犹如一块巨大的屏幕，呈现给人们各种奇异的画面，随着时间的推移发生各种不可思议的动态转变，以此传播巨大的信息量。

从消费文化角度，这一现象也是当代文化走向媒体时代、消费时代的一个侧影，它揭示了电子屏幕、霓虹灯、印刷图像掩盖下的商业文化。法国后现代思想家让·鲍德里亚（Jean Baudrillard）提出了符号交换理论和仿真理论来说明媒体消费社会的符号特征。电子化的图像和符号，将商业文化通过表皮扩散到建筑领域。因此，当代建筑表皮已成为一种消费冲动的象征。

1.2.3.3 表皮事件参与城市发展

屈米（Bernard Tschumi）在"空间与事件"一文中指出："就建筑学的社会性而言，建筑无法与'发生'在其中的事件相脱离"。建筑的形式创造尤其是作为结果的建筑表皮，可以被看作是社会事件的一部分，甚至可以起到促进事件发展的作用。当代建筑表皮从形式与内容的分离、信息传播的媒介，逐步实现了与多元社会相关的特定事件的转换。

建筑表皮可通过奇观、折叠、图解等多种方式参与到社会活动当中，成为建筑或城市事件，从而成为建筑学对后现代复杂社会状况的反应。因此，建筑表皮设计的新策略反映为追求表皮自治性的新趋势。当代建筑表皮不再仅仅作为表达建筑的手段，依附于建筑的结构与功能，而作为建筑重要的组成部分，自成体系，展现出自身的价值。

FOA事务所在横滨客运站所采用的地形学形式既是多样统一的，又是断裂连续的。建筑与环境通过表皮的折叠融合在一起，不但形成了通往建筑的通道，而且创造了特殊的地域景观。这座建筑的成功不仅阐释了地景建筑的重要意义，而且带动了横滨的经济与旅游产业的发展，成为城市新一代的标志性建筑（图1-12）。

图1-11 克拉里昂储蓄银行总部[22]

图1-12 日本横滨客运站

在消费社会的背景下，建筑形式作为一种消费品，负载了当代人的价值观念和生活态度。建筑形式从注重历史与艺术到推崇机械美学，发展到今天的消费时代，已经成为负载意义的消费品，具有了与以往截然不同的表述方式。这足以使我们用全新的概念来关注伴随其产生的问题。表皮不仅具有建筑的本体属性，而且兼有社会的意识属性。建筑表皮的自治性已经使其成为新的建筑概念参与到社会运作当中，并不断地激发新的建筑功能需求与技术手段，带来新的空间塑造与形式表现，以此冲击传统的建筑概念。

1.3 建筑表皮信息的内涵

传播者所要表达的意图的总和即是传播内容。建筑表皮是人们认知建筑最主要、也是最直接的方式，它所传递的信息为人提供物质性和精神性等多方面、多层次的含义。

1.3.1 功能信息

表皮的功能信息是指建筑通过视觉传递出来的关于自身性质和功能的信息。人们都希望能够了解和把握周围环境的特征，人们习惯对相对熟悉的环境拥有更大的自信。尤其在城市的建筑群体当中，人们更希望能够快速地判断出建筑的性质。这是一个开放型建筑还是一个封闭型建筑，是一个参与型建筑还是一个非参与型建筑，都应该在表皮上不同程度的体现，从而有利于受众根据头脑中已有的表皮特点进行快速判断。这样才能使建筑与受众很快地建立联系。古典建筑中采用相同的建筑形式来应对不同的建筑类型的方法早已经被当代建筑师所摒弃。当代建筑提倡以适当的表皮形态来表现建筑物的性格特征。这也逐渐成为评价建筑设计成功与否的标准之一。

建筑内部的空间是由各种功能的小空间组成的，在现代主义运动中，建筑设计倡导"形式追随功能"，建筑表皮即是建筑内部空间功能的反映。当代建筑结构技术的发展，使许多表皮已经脱离了建筑主体而存在，表皮具有其前所未有的自由，表皮所反映的建筑内部功能信息逐渐被弱化。然而，建筑表皮毕竟是建筑空间的二维体现，表皮的洞口、尺度划分、材料肌理等，仍然能够反映出建筑内部空间的使用功能和空间尺度。这有利于受众对建筑属性以及建筑性格的判断。与功能对应的表皮形态在人们长久以来形成的形式观念中容易找到对位，可以减少受众心理层面的陌生感。

另外，表皮的功能信息还包括表皮自身工作的过程中，所呈现出来的功能系统的信息。

1.3.2　审美信息

从信息论美学的观点来看，美学感受实际上是通过"审美信息"来传递的，审美信息是联系审美主体与审美客体之间的纽带。20世纪50年代，法国的莫尔斯（A. Moles）创立了信息论美学，将信息概念和信息论的方法应用于美学研究当中。它并不讨论"美的本质"等抽象问题，而是主要分析审美活动中审美信息的输出、传递和接受的系统关系。莫尔斯把审美系统运动过程抽象成审美信息变换的过程。

1.3.2.1　建筑表皮的审美信息

美的建筑形式，是建筑设计者永恒的追求，人类社会对美的认识有一些共同的标准，然而，特定的人群和个人在此基础上又有着自己对美的个性化的体验和认识。建筑师正是通过建筑向受众传播着自己的审美取向的。审美信息是较高层次的信息，它是叠加于基本物质信息之上的精神信息，但它又不能脱离物质信息而存在。信息是传播的材料，建筑信息可以由多种渠道被传播和接受，表皮信息主要通过视觉渠道来进行，审美信息更是如此。建筑表皮作为观赏者对一幢建筑的首要判断，赋予建筑以个性、特征、表情等。

美学规律是客观的，但人们对美的认知与感受，是相对变化的。从朴素的原始阶段、装饰的古典主义阶段，到冷漠的现代主义阶段，再到调侃的后现代主义阶段，表皮的美学特征发生着巨大的变化。人们对"美"的认识也不断地变化。当代建筑表皮的表达方式千姿百态，数字媒体、非物质材料等，都被应用于表皮设计当中，受众对美的评价标准也趋于多元。但一个成功的建筑，必定在视觉上与受众之间达到沟通，产生共鸣，只有这样，美学信息才得以传递；只有这样，建筑师的意图才得以实现。

受众与表皮审美互动的同时，也必将相互作用。当代建筑表皮已经成为各种美学思想比拼的重要场所，这些美学思想影响受众审美标准的同时，受众的接受度也成为建筑师的策动力。因此，在表皮设计当中，一方面要考虑艺术的前瞻性，另一方面也要考虑社会大众对美的标准的认识。

1.3.2.2　先锋艺术的美学影响

（1）绘画艺术对表皮的美学影响　艺术对于社会文化的敏感常常超过建筑，因此，艺术思潮对建筑的美学信息的影响是巨大的。这些艺术观不仅强烈地作用和影响建筑师的创作观，而且为建筑师的创作带来了设计灵感和丰富来源。

波普艺术起源于20世纪50年代的英国，是对大众艺术的简称。大众艺术就是艺术家使用生活中的视觉元素进行艺术创作，意欲表达生活即是如此的时代话语。常用的手法如拼贴、具象以及机械复制等手法，在当代建筑表皮设计中都有体现（图1–13）。

抽象绘画艺术从本质上说，探讨的是艺术的自律性问题。形式本身成为艺术的意义所在。马列维奇的抽象主义绘画，更加注意形式间的内在关系。常用的研究对象就是动态的线性构成。当代建筑师李伯斯金正是借鉴了这种审美方式，运用对"线"的抽象理解，使看似"形式"的东西，表达出更多形式之外的感受（图1–14、图1–15）。

（2）时装艺术对表皮的美学影响　在消费文化驱使的艺术大众化背景下，建筑设计中的时尚表皮可以在时装这种大众艺术中吸取灵感。森珀曾经提出"衣饰"（dressing）的概念来诠释建筑表皮的意义。这是建筑表皮具有装饰特性的重要标志。表皮之于建筑与服装之于人体有着极大的相似之处，时装艺术的发展必然影响到建筑表皮的设计，建筑设计也可以从时装艺术中汲取灵感。好的时装既要从时尚中寻求灵感，又要超越时尚，把握住内在的本质。即使潮流改变了，服装也要经得起考验。正如建筑表皮，离不开经典和

a）波普艺术作品[25]　　b）特利埃斯特游泳中心[22]

图1–13　波普艺术对建筑表皮的影响

a）马列维奇的绘画　　b）犹太人纪念馆

图1–14　抽象艺术对建筑表皮的影响[26]

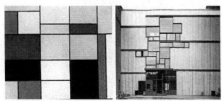

a）蒙德里安的抽象艺术作品[27]　　b）霍尔住宅[22]

图1–15　抽象艺术对建筑表皮的影响

传统的积淀，更需要紧跟时代的步伐。

　　著名服装大师帕科·拉班（Paco Rabanne）的设计带有强烈的未来主义风格，是最早使用金属材料作为面料的设计师。他所设计的有金属珠子穿挂而成的前卫衣服，是对当时服装艺术的一种突破。未来小组（Future Systems）设计的塞尔弗里百货公司有着异曲同工之妙。他的表皮系统采用15000个直径60cm的圆形钉帽镶嵌在建筑的外立面上。帕科·拉班设计的如纸片般的短裙和CARTIER店面的装饰也有着许多微妙的联系（图1-16）。没法说清到底是建筑师借鉴了服装艺术还是服装模仿了建筑表皮，但从中我们可以清楚地看到两者都在追随着时代的步伐，寻找着时代的典型元素，融入设计当中。因此，它们必定是相互促进，相互影响的（图1-16）。

　　（3）雕塑艺术对表皮的美学影响　雕塑艺术和建筑有许多共通之处。雕塑作品的形态属于三维形体，虽然雕塑作品普遍没有内部空间，但其立体构成的特点可以看作是没有内部空间的小型建筑。"雕塑式的建筑"在今天越发展现出它们的风采。材质、肌理、色彩是雕塑触觉感受的源泉，是表现雕塑艺术的主要方式。"表皮雕塑化"也主要体现在表皮的质感、表皮可塑性等方面。塑性钢材和混凝土即是可塑性和韧性很好的材料，正可以达到这种效果。肌理化的表皮材料，

　　a）Paco Rabanne的时装　　　b）塞尔弗里百货公司　　　　c）纸片短裙　　　　　　d）CARTIER 店面

图1-16　时装艺术对建筑表皮的影响[26]

往往化解了建筑形体的边界，丰富的造型变换带给人们的是全新的艺术视觉体验。例如由扎哈·哈迪德（Zaha Hadid）设计的德国沃尔夫斯堡Phaeno科技中心。整个建筑犹如一只巨大的昆虫匍匐在地上。表皮上大小不同的平行四边形窗口具有强烈的雕塑效果，那随着倾斜的立面不断变化的形态，充满象征性、原始感的立面造型，带给人们如雕塑般无尽的遐想（图1-17）。

1.3.3　社会信息

> 建筑就是要利用种种手段，使有形的能指清晰表达出它的所指。
>
> ——查尔斯·詹克斯[29]

建筑表皮作为象征符号，除了表达建筑的功能、美学等即时性信息外，还肩负着传达社会文化、经济、政治等信息，它们是附着于建筑目视信息之外的信息，因此也称之为附着信息。

1.3.3.1　建筑表皮的社会信息

建筑不仅仅记录了人类文明的发展，也是社会生活的物化表达。建筑物的建造离不开特定时代的技术条件和人文背景。建筑作为生活的容器承载着属于某一特定时代的物质和文化生活，人类重大的历史事件赋予建筑场所感，并成为建筑承载信息的重要组成。建筑作为"石头的史书"，承担着将这些信息传播开来并传递下去的责任。

建筑是一个历史性的艺术品，时代特色是我们经常提及的话题。通过建筑材料和建筑技术的差别，可以反映一个时代建造艺术的特色。另外，一个时代的生活方式和审美趣味，以及社会观念都能构成时代的特征而反映在建筑表皮上。人们对城市建筑的阅读，很大程度上是通过建筑表皮而获得信息的。从一个建筑的

图1-17　沃尔夫斯堡科技中心[28]

表皮上，我们可以看到这个城市的文化积淀。另外，地域的地貌、气候特征等，也能够在建筑表皮材料、构成、形态等方面呈现出来。一切文化形式，既是符号活动的现实化，又是人本质的对象化。视觉感知所追求的不仅是一种交流和沟通，更是人类文化延续的时代演绎。通过对民族传统文化的发掘创造视觉符号，不仅是对传统图形的再现，更是对民族文化精神内涵的再现。

1.3.3.2　视觉文化的当代转向

今日中国正经历着一场深刻的变革，即从传统的生产型社会转变成消费型社会。建筑领域的重心逐渐从现代主义时期的功能、空间和技术转向为形式、艺术和符号。建筑形式作为一种消费品，负载了当代人的价值观念和生活态度，使建筑形式具有了文化的象征性，使建筑思想像商品一样在世界各地消费。过去建筑的审美范式受到了巨大的冲击，建筑的美学意义进入了绝对自由的状态，不再满足于某种美学标准，而在于不断激发新的体验和幻想，建筑表皮紧随这种观念的转变而不断更新。对建筑表皮的转变主要表现在三个方面：

（1）**从共性文化到个性演绎**　消费文化改变了传统的设计观念，建筑的审美趣味在不断的多样化和时尚化，造就了争奇斗艳的建筑市场。今天建筑师的创造力更多地被用于激发无穷的想象和体验，提供不同的生活方式，而不是建立确定的、普遍的美学标准。因此，一些建筑表皮打破传统的几何美学原则，力图创造出反常规、反因果的异质化表皮；一些表皮元素的组合并不构成完整的意义，而是不连续、不完整的变异性表皮……消费时代也是个性时代，个性化的审美需求不断刺激表皮形态的发展，使建筑形态呈现出空前的繁荣景象。

（2）**从现实存在到拟像幻想**　当代社会是一个拟像社会，当代建筑充满理想主义色彩和内在激情，建筑师利用各种媒体化手段，加强建筑的虚幻感，以此满足人们对虚拟未来的渴望。在当代建筑师手里，媒介成为表皮的材料，表皮成为媒介的载体。高清晰电子屏幕、虚拟现实装置、视觉图像、科学概念等都可能作为一种特殊的建筑材料成为表皮构思的源泉。这类建筑表皮将建筑虚幻化，带给人们更多的是视觉上的冲击和无限的遐想。韩国首尔的Galleria时装店（图1-18），在金属结构的立面上安装了4330个玻璃光盘，这些光盘中夹有特殊的镜片并经过特殊的发光

图1-18　韩国首尔Galleria时装店[1]

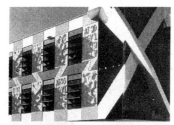

图1-19　澳大利亚国立大学约翰柯汀医学研究院[1]

处理，能够针对不同光线产生不同变化。麦克卢汉曾说，我们的衣服和房间是我们皮肤的延伸，那么，拟像的建筑表皮就是我们想象的延伸。大众对于理想主义的渴望，使表皮带给人们越来越多超越建筑本体之外的想象空间。

（3）从理性思考到直觉感知　游戏诉诸直觉反应而不是理性思考。当代，各式各样的建筑通过互联网、杂志、报纸、电视等各种媒体成为图像符号而涌入大众的认知体系。科学、时尚、艺术、文化，各个领域的图像都可以贴覆在建筑表皮上，建筑将图像作为组成表皮的建筑材料来使用。大众审美需要这种感官的刺激，建筑设计中融入了建筑师的直觉灵感，表皮图式语言变得越来越多样化。如澳大利亚国立大学约翰柯汀医学研究院，将医学图像反映到建筑表皮（图1-19）。

建筑的功能信息、美学信息和社会信息构成了建筑表皮的主要传播内容，而在实际的社会活动中，建筑表皮所传达内容要复杂得多，单一类型的信息非常少，在每个传播阶段，各种信息总是反复、交错、运动的。

1.4　建筑表皮信息的传播要素

信息传播的实现需要具备三个最基本的要素，即传播主体、传播媒介和传播客体。在传播的过程中，各个要素相互配合，共同完成传播的整个过程。

1.4.1　传播主体

传播主体是指在传播过程中主动向对象发出信息的一方。传播主体既可以是单个的人，也可以是集体或专门的机构。

建筑表皮是一种特殊的媒介，它的物质实体从属于建筑，是建筑本体的一个重要组成部分，承担着建筑的部分功能。在建筑表皮设计过程中，制约建筑表皮生成的因素有两方面：主观层面和客观层面，与其相对应的传播主体分别是传播者和建筑本体。

1.4.1.1　传播者

传播活动的发起人和传播内容的发送者，是信息传播链条中的第一个环节，是位于传播起点的个人、组织、社会的混合体。传播者不仅决定了传播过程的存在和发展，而且决定了传播内容对人类社会的作用和影响。

（1）**直接传播者**　建筑形式的产生主要是建筑师思考的结果，建筑师作为传播者的角色是随着其职业地位的不断确定和业务范围的逐渐扩大而真正确定的。

建筑师作为思想者，其思想观念的形成源于社会、源于生活。建筑师个人的生活经历和参与到他个人生活中的文化传统、时代精神形成了建筑师潜在的心理结构，形成了其独特的感受方式和知觉方式，与此同时，这些经验也形成了他的思想观念，其中主要包括认识观、审美观和价值观。思想观念的构成会对思维方式产生深远的影响，必将影响到建筑设计过程中对表皮的处理。新的思想会对建筑创作起到决定性的作用，因此，建筑师要不断更新观念，产生新的思维结构、审美心理和创作手法，才有可能使建筑师的思想经常处于鲜活状态，才能向受众传播更多的新信息。

（2）**间接传播者**　间接传播者的范围非常广泛。包括决策官员、业主，以及建筑教育者等在内的大量对传播起到间接作用的人群。通常，他们通过作用于建筑师来控制建筑设计传播活动。当然，对于不同的建筑师和不同的建设项目，间接传播者的影响程度是不一样的，知名建筑师往往在传播过程中占有更大比重，更容易贯彻自己的思想，而普通建筑则往往会受到更多约束。重大项目往往会受到大量的关注而不得不考虑到更多的社会因素，一些自主项目，建筑师往往有更大的余地发挥自己的个性。

目前，中国建筑师仍旧受到较多来自官员、业主等非专业方面的影响，这样对建筑创作带来很多不利影响。因此，在传播系统当中，应该适当强化建筑师的地位，凸显建筑师作为直接传播者的作用。同时，建筑师应该更加注意个人的专业技能和职业素养。只有这样，才能创造出更多符合客观需要、带动大众审美向积极方向发展的优秀建筑作品。

1.4.1.2　建筑本体

建筑本体为建筑表皮信息传播的客观信息源，是产生表皮信息运动状态和运动方式的源事物。

表皮是建筑的一个重要组成部分，它是建筑内外空间分隔的界面，是内外环境信息交流的通道。建筑表皮的生成，最本源的信息需求来自于建筑的本体需求。它承担着围合与庇护建筑内部空间、协同建筑体量共同完成建筑形态、通过表皮特质塑造建筑内部空间效果等任务。

建筑与表皮的关系经过漫长的历史发展，发生了很大变革。早期，建筑表皮完全是建筑本体的附属物，仅仅起到装饰的作用。进入现代主义时期，建筑表皮才逐渐打破了其从属地位，转而出现了多样化的表情。此时，表皮的概念还不凸显，更多地被分解成四个面的问题。当代建筑表皮受到前所未有的关注，表皮的地位不断上升，但表皮的逻辑性也不断加强，建筑本体的需求成为建筑表皮所研究的重点。

由于传播者的主观意识具有很强的个体性，与传播者个人的思想构成有很大关联，而且受到很多非专业方面因素的制约，因此不作为本课题研究的重点。本书主要从建筑本体的客观角度，对建筑表皮信息传播的需求进行研究。就是希望从更加客观、本源的角度展开研究，从而使表皮信息的传递更加有据可依。

1.4.2　传播媒介

麦克卢汉对于媒介的经典论述是"媒介是人的延伸"。可见，媒介主要起桥梁和中介的作用，以一种物质的方式存在，让人们可以借助其获得更多的信息。媒介是一种实体，它通过其所承载的符号传递信息。媒介的意义不仅在此，媒介本身也是有意义的中介。媒介的形态是可见可感的，并且蕴含着美的因素。

建筑表皮主要依靠视觉的形式美，通过视觉传递信息。表皮的信息传递是一个往复的复杂过程。设计者用自己的方式组织信息，将潜在的心理活动用语言、图示等表达出来，以抽象的几何构成为主，通过建筑自身的材料、结构、构造等物化的元素，将设计者的构思借助具体物质手段抽象地表达出来，欣赏者则按照社会约定性规则和个人的理解去接收信息。

材料、结构和构造都是表皮的物质构成，它们都具有其自身的表现性和媒介性。设计者和建造者通过这些物质传递其所想要表达的信息；建筑的观赏者和使用者通过这些构成元素获得对建筑的认知和理解。各种不同的媒介，所适合承载的信息不同，因此，建筑师选择材料的组合方式、结构的作用方式和构造的表达方式，就是在选择信息以及选择信息传达的方式。

1.4.3 传播客体

传播客体即传播受众，他们完全是由于传播行为的发出和流动而产生的一类社会群体。严格意义上的受众是传播媒介的接触者和传播内容的使用者，但它的外延可以涵盖所有受到传播活动影响的人类社会成员；因此，笔者将其统称为传播客体。

传播不仅存在于人类历史的整个过程，而且存在于社会生活的各个角落，促进了社会政治、经济、文化和精神等多方面的发展。传播在时间上和空间上都不是静止的过程，而是一个动态过程。[30] 由于城市生活是无法回避的，每个城市中的人都在与建筑打交道；在识别、建立印象、产生行为的过程中，建筑表皮信息起到至关重要的作用。

（1）**传播符号的"译码者"** 信息只有被受众理解，才能在传播者和受众之间建立共同的认知，完成整个传播的过程。建筑表皮的受众主要有使用者和观赏者两类。使用者与建筑的设计功能发生关系，通过在建筑内部的活动，感受到建筑表皮的信息。观赏者主要通过视觉的方式与建筑表皮发生关系，反映到他们脑海中，与已有的心理感受共同形成认知。观赏者主要与作为传播内容的美学信息和社会信息发生关系；而使用者则是一个全方位的信息接受者，他们通过包括视觉在内的多种认知方式，共同感受建筑的各类信息。

（2）**传播效果的反馈者** 在建筑表皮的信息传播活动中，受众并不完全是消极被动的"受体"，他们始终以其特殊的方式干预建筑表皮传播活动的内容和形式、影响传播活动的过程、决定传播活动的效果。他们是完整的传播过程的有机组成部分。"反馈是一种强有力的工具"，是受众对传播的回应。如果反馈消失，或者反馈微弱的话，会引起传播者的疑惑与不安，并会使传播对象感到失望，甚至在传播过程中产生情绪对立。反馈有助于传播者调整传播信息的价值取向，是检验和衡量信息传播效果的基本依据，是改善传播媒介的重要基础，也是提高传播质量的可靠保证。

当代是一个以受众为中心的时代，大众文化极度繁荣。大众的价值取向极大地影响到建筑师对建筑表皮的认知。因此，更应该从建筑本体的角度进行考虑，客观地分析建筑信息传播过程中，表皮所承担的责任，根据建筑的本体需求进行信息的选取，通过媒介编码为符合大众认知能力的符号代码，从而在满足大众心理需求的基础上，建立健康的传受关系。

1.5 建筑表皮信息的传播机制

建筑表皮的信息传播是一个由传播主体到传播媒介到传播受众的过程。由于传播者的主观意识和他者限制很多，所以，本书将建筑作为表皮的客观传播主体；表皮需要满足其基本的功能需求；表皮传递信息所依赖的物质实体即是它的传播媒介；受众是建筑表皮信息的接受端，他们对信息的解读使信息获得了二次处理。

1.5.1 表皮信息的源起与需要——本体需求

建筑表皮信息的需求主要来源于两个层面，即主观层面与客观层面。主观层面的需求主要由建筑师的教育层次、生活阅历、美学素养等个人条件制约，客观层面的需求主要由建筑本体的功能、形态、空间等基本要素决定。由于主观需求的个体差异性及不定性较大，因此不在本书的研究范围之内。本书主要从建筑本体的客观角度，对建筑表皮信息的源起与需求进行研究。

表皮是建筑的一个重要组成部分，它是建筑内外空间分隔的界面，是内外环境信息交流的通道。它承担着围合与庇护建筑内部空间、协同建筑体量共同完成建筑形态、通过表皮特质塑造建筑内部空间效果等任务。因此，表皮最终的生成，是这三方面建筑本体需求共同作用的结果（图1-20）。

1.5.1.1 本体需求的源起

建筑本体需求的源起就是人的需求。社会的发展使表皮担负着越来越多错综复杂的功能需求，建筑艺术开始表现了对人的深

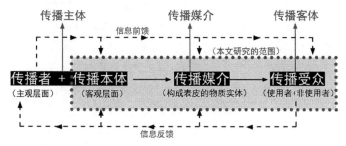

图1-20 建筑表皮信息的传播模式（根据资料自绘）

度关怀。建筑设计一方面对室内热环境、光环境、声环境、空气质量等生理感受方面有了更广泛的要求；另一方面，建筑表皮对人的心理感受也提出了更高的要求。表皮信息在追求不定性、复杂性、独创性等形式的同时，建筑表皮更要遵从他所处的环境，重视空间氛围对人的心理感受的影响。

（1）**生理感受**　舒适度是衡量表皮功能的重要因素，是人们对于建筑表皮最基本的生理需求。这项需求主要来自于使用者。

建筑表皮的一个基本任务是调节周围外部环境的情况，以确保室内空间的舒适度。出于节约能源的考虑，机械系统的安装工程都应该当做辅助系统来支持建筑的表皮功能。建筑表皮需要灵活地对环境作出相应的反映，以调整内部的气候环境。室内空气温度、表面平均温度、换气率、室内空气相对湿度、亮度和照明强度等指标，都是表皮设计舒适度的参数。这些指标都能够通过表皮的设计来直接或间接进行控制和调节。这些因素不是孤立存在的，而是共同作用的结果。一方面，需要通过表皮进行室内外空气的交换；另一方面，表皮还要对室内外空气进行阻断。气流的变化由通风口的数量和尺寸来调节，室内的亮度和照度也受到表皮上洞口形状与位置的影响。一个精心设计的建筑表皮，即使外界条件不佳，也可以在室内创造出令人舒适的小气候环境（图1-21）。

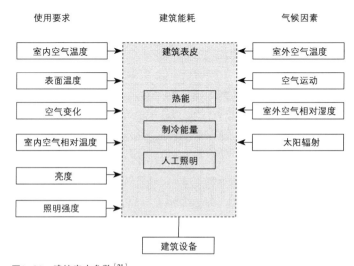

图1-21　建筑表皮参数[31]

随着表皮所承载的功能的增多，单一的表皮层次已经不能满足日益发展的需求，建筑表皮逐渐向多层化转换。各层界面扮演着不同的角色，并协同作用，从而使功效最大化。不仅能够创造更加舒适的室内环境，还能有效的节约能源。

（2）**心理感受**　人性关怀除了环境舒适度以外，较高层面的需求则是要满足使用者以及观赏者的心理需求。这要求建筑师对建筑表皮进行更多的精致化的细节处理。

心理需求是与情感相联系的一个概念。情感是人在特定环境下受特定对象的刺激而唤起的特殊感受。现代心理学认为与有机生理需要相联系的情绪，是较低级的情感。而人的高级情感则是指人的复杂的社会性情感，如道德、审美、意义等。高级情感常与更多的精神方面的意义等相联系。艺术心理学认为，艺术是直接诉诸人的体验的高级情感，这种情感体验是以美感体验为核心的。在这一点上，建筑表皮具有很强的视觉特征，建筑的艺术特征很大程度上要通过表皮进行表达。而建筑艺术的包容性，在很大程度上满足了人的多样的情感体验需求。建筑表皮的情感化，需要建筑师充分利用物质手段，融合多种学科对表皮进行细致化处理，从而达到关照受众——人的心理及情感，使建筑与人能够进行充分的对话和情感交流。[11]

表皮的尺度、材料的细节、表皮所形成的空间氛围等，都会在人的视觉、触觉、味觉等方面带给人们各异的心理感受。人们在品味建筑的同时，体验更多的生活乐趣，并潜移默化地形成观念的转变。当代，一批热衷于表皮探索的建筑师，或从历史文脉的角度，或从材料运用的角度，或从生态技术的角度，正多维度地创造和演绎着表皮，以此满足当代人的心理情感需求。

1.5.1.2　本体需求的层面

（1）**功能层面**　建筑本体对表皮最基本的需求即是功能层面的需求。功能的优劣是衡量表皮成功与否最重要的标准。建筑表皮的任何表现手段，都必须建立在满足建筑主体功能的基础之上。表皮的功能已经被认为是一个系统问题，许多专业人员如日光规划师、能源规划师、气体力学工程师等的介入，使表皮不断拥有更加完善和先进的功能。

首先，要解决好能量的流通与隔绝这对主要矛盾。保温隔热系统、通风换气系统、采光遮阳系统、隔声减噪系统等几大功能体系之间要相互关联、相互作用。对于不同性质建筑，其表皮的功能要求也有所差异。其次，表皮的尺度设计是建筑对人性关怀的直接表现。不同的文化和时代，建筑表皮尺度的定位是不同的。同一建筑，目标不同，建筑表皮的尺度定位也不同。只有整体考虑各个尺度标准，才能使表皮的整体尺度信息呈现出准确、舒适、宜人的效果。最后，表皮的能耗占建筑整体能耗的很大一部分，减少能源消耗以及优越的内部环境条件使多层复合表皮成为当代建筑发展的新方向。这种体系的共同特点是降低能源消耗，提升室内环境的舒适度，减少机械调节，增加自然通风采光。

（2）形态层面　建筑形态与表皮形态有着密不可分的关联。尤其是一些复杂的建筑形态，正是通过建筑表面的数字化操作而生成的。

在数字技术高度发展的条件下，拓扑变形的方法不断使建筑表皮突破以正交体系和欧几里得几何为主导的建筑形式语言，具有"平滑、折叠、异规"特性的表皮形态成为主流，开始取代解构主义建筑所展现的硬边几何逻辑。从形式、结构、机能等多个方面，模仿生命机体，并将它们反映到表皮形态当中。借此创造更为复杂的建筑形态与建筑空间。在场所营造思想的推动下，建筑与环境的契合又一次成为建筑形态关注的焦点。当代建筑表皮对待环境的态度创造了一种新型的建筑形态。建筑表皮成为地表的一部分，表皮与地表共同形成建筑的形态。建筑形态与环境是相互依存、相互衍生的。

（3）空间层面　空间效果是建筑本体对表皮提出的更高层面的要求。表皮信息能够通过多种方式渗透到建筑空间内部，使建筑呈现出诸如共享性、起伏性、流动性等特质化空间。

当代建筑师以外加一层包裹层的方式统一多个体量。在此，建筑的外表皮起到了超出形式的多元的作用。内外表皮之间形成的负空间容纳了各种各样的交流活动，成为这类建筑表皮形成的主要原因之一。建筑师借助计算机将越来越多的数学曲面纳入建筑空间的探讨之中。复杂曲面形成的空间颠覆了传统的空间体验和感知。空间以数学函数的循环运算或迭代来追求曲线形态产生的过程，表皮的最终结果和空间的表征同等重要，并且只有通过生成的过程才能深刻理解令人惊异的曲面形态。

表皮信息的传递不是单向的，而是双向交互的。通过表皮材料的透明度、孔洞大小、形状等的调节，可以营造出不同的室内空间氛围。阳光以不同的方式穿过建筑表皮，进入内部空间，经过表皮的重新塑造，形成独特的光影语言，塑造不同的空间氛围，给人们各异的心理感受。这也是表皮设计的一个重点。当光线穿透建筑表皮进入室内空间的时候，必然携带了表皮的特质信息。将哪些表皮信息引入内部空间、引入多少信息量，要依据内部空间功能的需求以及使用者的心理需求而确定。因此，在表皮设计的时候，不仅要考虑到外部形态的视觉效果，还要考虑到内部空间氛围的营造。

还有一些表皮建筑，它们的形态、空间本身即是表皮，表皮的面构特征经过折叠、拓扑、扭曲等操作，形成了复杂的建筑形态和建筑空间。此时，表皮自治的同时，表皮信息即是建筑信息，建筑本体需求即表皮本体需求。表皮被提升到主导地位。

1.5.2　表皮信息的选择与表达——媒介表现

1.5.2.1　媒介表现的原则

（1）**充足的信息量**　信息有一个度量问题。申农把"信息"看作是"一种解除不确定性的量"，用所解除的不确定性的程度来表示信息量的多少。人们通常采用"比特"（bit）来计量信息。比特等于在两个相同可能的选择对象之间选择其一的结果；或者说，含有两个独立等概率可能状态事件所具有的不确定性，被全部消除所需要的信息量是1比特。[14]

建筑师若要将自己的设计意图顺畅地传达给社会大众，就需要赋予建筑表皮足够的信息量。这里所说的信息指的是有效信息，即能够消除受众对建筑不确定性的信息。也就是说，判断一幢建筑的信息量是否充足，并不是单纯取决于建筑规模的庞大与否，或建筑形态的复杂与否，而关键在于它能解除多少不确定性和什么倾向的心理感受。判断建筑表皮的信息量是否充足，也不取决于表皮的面积和复杂程度，而关键在于它的信息层级和信息组合的方式，以及它能在多大程度上给人以无法预见的视觉感受。因此，建筑表皮所具有的多义性和充分想象余地往往赋予建筑更多信息量。不仅如此，不同的社会环境使受众具有不同的解读状态；因此，建筑师首先要了解受众群体的情感需求，才能赋予建筑表皮更多有效信息。

（2）**优化的信息组合** 任何一种传播活动的信息系统都包含多个层级。既包含易于解读的信息，又包含不易于解读的信息；既包含通俗信息，又包含独特信息；既包含传统信息，又包含创新信息……由于传播活动总是以改变人们的态度为最终目的，所以在传播过程中应该掺入适当的新信息，与传统信息恰当地组合，形成对比，并达到最佳比例。

对于建筑表皮而言，信息量的多少主要由受众所能接受的信息量来决定。表皮的信息主要通过视觉来传递，应该尽量减少冗余信息，强化主导信息，恰当地调整显性信息与隐性信息的比例关系，只有这样，才能创造出风格明确又不缺乏细节的表皮效果。富于创新又利于理解的信息组合才能创造出优秀的建筑作品。

当然，没有一件艺术作品是适合于所有的受众的。表皮只是建筑构成的一部分，并不能代表建筑的全部信息。一个建筑的表皮所能承载的信息是有限的，建筑师不可能对各受众群体的解读能力都考虑得非常完善，但表皮设计当中，要有意识地考虑信息的层级特点，获得相对优化的信息组合，从而促进受众的理解。

（3）**适量的信息重复** 适量的信息重复有助于受众对于建筑的解读。这些重复的信息能够简化人们对信息的判断和选择，使受众在最短的时间里把握建筑的特征。有的建筑表皮设计过度强调形态的创新或细节的差异，忽略了对重复性信息的考虑，使受众在感慨建筑的视觉冲击力的同时，产生了过多的陌生感和不安定感。这就是缺乏对重要信息的适度重复所造成的。因此，建筑师在追求形态新颖、细节创新的同时，也应该考虑到对那些关键的、不易解读的信息适度的重复，以便更有效地实现大众对设计者意图的理解与接受。

当代，建筑师应该多设计一些具有专业审美特色并能被大众接受的建筑形体，避免建筑师被动追随通俗审美的情况，才能推动整个社会的审美进步，逐步实现建筑师与大众的契合。

1.5.2.2 媒介表现的方式

（1）**运用材料** 材料之于建筑师正如画家手中的颜料，是创作的物质基础，也是建筑创作从图纸转化为实实在在的建筑作品所必不可少的物质条件。它也是认识表皮最直接的媒介。材料的选择和组合都会影响到表皮的视觉效果。

每种材料都具有自身的表情和独特的表现力。由于生产和加工的方式不同，所形成的形态、质感和色彩都有所不同。建筑表皮总是由多种材料共同构成的。材料之间的组合关系，必将影响到建筑的视觉效果。相似的材料组合在一起，容易取得统一，烘托出一定的氛围；相异的材料组织在一起，则可以通过对比彰显各自的特色。它们之间的相似程度决定组合的效果究竟是对比，还是微差。通透性、反射性不同的材料组合在一起，能够形成较强的虚实对比；纹理细腻的和纹理粗糙的材料组合在一起，能够塑造出不同的表面性格；多种不同要素混合在一起，则需要根据每种要素的比例，使表皮个性鲜明且信息内涵丰富。

不仅如此，材料的视觉特性也会随着时间的推移而发生变化。恰当地运用这种变化，可以显现出第四维的时间因素，这样建筑就有了自己的历史。例如金属材料，随着时间的流逝，会逐渐被氧化，表面生成一层锈蚀，使表皮的颜色和纹理都发生变化。由吉彰真树设计的艺术家住宅（所泽，日本），外部完全用一层红色钢板覆盖，钢板的颜色因锈蚀而逐渐变暗；随着时间的推移，逐渐由黑色变为亮红色，钢板表面的肌理也由于氧化的不均匀而发生着变化。这个小屋由于建筑表面时间的印记而具有了岁月的积淀感；而且，这种变化还在不断地进行（图1-22）。

作为建筑师，应该充分认识到材料表现对于表皮设计的重要性，学习和掌握不同材料表现的客观规律，提高材料表现必需的技术水平和艺术修养，并在具体的设计实践中加以运用；只有如此才能传递出更丰富的视觉信息，引发受众更多的心理共鸣。

（2）运用结构　结构形态具有理性美与感性美的双重审美特质。当代建筑师常常将其作为视觉表现的一种手段，在表皮的设计中有意暴露出一些结构体系或受力构件，通过这些外露的结构，不仅表现了建筑结构构思的技术逻辑，而且传递出理性艺术的审美感受。

结构的外形可以是完整的几何形体，通过将整个结构形态外露，直接构成表皮的视觉主体；也可以通过切割、组合、隐匿等方式，使表皮与结构整体分离，从而暴露结构构件，使结构成为表皮的视觉构成要素；还可以通过将表皮的消隐，间接

图1-22　花艺家的住宅[32]

地传递结构信息，结构成为表皮所要表达的内涵，与具象表皮一起，构成表皮的视觉表征。此外，结构化的表皮是一种特殊的表皮形式。将结构和表皮整合在技术合理性之内。表皮结构既是表皮自身的结构，也是建筑的支撑结构，结构构成即是表皮的审美构成。表皮作为"皮"的视觉感受得到加强，力与美在此得到完美的统一。

人类对于自然规律的把握源于对自然现象的总结。而自然界的结构现象丰富多彩又极其复杂。向自然形态学习，是启发结构形态设计的重要途径。自然界中的有机结构，是当代表皮结构常常采用的仿生形态。它们远不止是一种视觉表象，更具有深刻的有机内涵。这是表皮结构未来发展的方向。

（3）运用构造　当代建筑表皮设计中，构造已经成为一种重要的表现方法，这种方法既与结构的秩序不同，也与建造的逻辑不同，它的表现力来源于技术与艺术的结合。

当代建筑师致力于挖掘构件的表现力，通过对构造本身以及其组合方式的变异，形成独特的表皮图式。罗马的圆拱和壁柱、哥特的拱券和飞扶壁等，都以不断累积的主题形象获得各自的建筑风格特征。建筑的形态母题重复，形成了独特的建筑造型。表皮构造形态的母题重复，则创造了独特的表皮肌理。大量造型独特的构件单元，反复出现，可以形成一种夸张的视觉效果。构造形态的变异，可以引起表皮肌理的非常规变化。无论是夸张变异、缩小变异，还是不规则变异，都能够丰富表皮的视觉信息，强化视觉焦点，增加表皮的趣味性。从肌理的角度入手来创造表皮的视觉效果，为建筑师的表皮设计提供了一条新的途径。

表皮上一些非固定的构件，通过恰当的构造处理，不仅能够对建筑内部空间起到调节作用，而且能够成为表皮构成的动态因素，为表皮的内涵赋予时间维度。一般情况下，操控件由一个或多个部分组成，而且每个部分又可以被再次细分为两个或多个组成部分。这种划分与活动方式相结合，能够产生多种不同的情况。这些可变的构件，不仅在表皮上形成了各种丰富的视图语言，而且暗示了建筑内部空间使用者的动态需求。

先进的工艺使表皮的细节呈现出更多的可能。型材断面的利用、构造节点的消隐与呈现，给表皮设计带来了更多的可能，也使细节的表达更加充分。随着科学技术的进步，工艺技术也有了更多的选择。不论对结构构造以何种方法加以处理，最终它总是以一定的外部形态表现出来；通过视觉信息，传递给观赏者。越来越多的建筑师意识到构造的表现力，构造已经主动参与到建筑设计当中，并且成为表皮构思的切入点，展现其自身的魅力。

1.5.3　表皮信息的接受与理解——受众认知

任何有目的的实践活动，都是以追求效果为先决条件的。传播的目的即是追求传播效果，使信息与受众产生共鸣，从而影响受众。我们这个城市的表层就是由许许多多的城市建筑的表皮所构成的，因此，区别于建筑的内部使用空间，建筑表皮是面向所有社会大众的，可以说社会中的每个人都在扮演着传播受众的角色。他们在直觉感知、联想认知、行为体验的过程中，与表皮所承载的信息发生相互作用，并作出反馈，最终影响建筑师的下一次实践。

大众是建筑传播活动所关注的重点，以大众为中心的建筑设计已经成为当代建筑传播学所研究的基础。物质的极大丰富和科技的迅猛发展，使人们对建筑作品的主要需求转向精神层面，建筑形式所传递的意义层面的信息与受众心理的契合至关重要。在表皮设计当中，应当充分考虑到表皮与受众认知途径的搭接以及受众解读的附着因素。受众是文化传播的接受端，对受众的分析是强化认知效果的重要途径。

1.5.3.1　受众认知的需要

（1）关于需要的理论　建筑信息的传播作用于受众的心理系统，受众经过心理反应会产生诸如感知信息、深层思考、行为动机之类的心理变化。心理学家马斯洛在1943年出版的《调动人的积极性的理论》一书中，首先提出了心理的"需要层次说"（图1-23）。

对建筑而言，首先是遮风挡雨的功能需求，然后是美学、情感等心理方面的渴望。"使用与满足"的研究（Uses and Gratification Approach）把受众看作是具有各种复杂"需要"的群体，受众对于信息的选择是基于自身的某种需要，是有目的性的。大众传播的过程也可以看作是一个源于受众需求、完成于受众满足的

图1-23　需要的层次[9]

过程。

（2）建筑表皮受众的需要　对于建筑表皮而言，"受众的需要"是一个比"使用者需要"更为广泛的概念。

首先，建筑表皮受众对信息的需要。信息需要是受众的最基本需要，人要生存和发展，就要不断从外界获取自身需要的信息。信息可以直接被大脑所接收、储存、加工，是认识的中介。建筑表皮信息的功能是可以消除认识的不确定性。受众就是通过不断地从建筑表皮获取信息，而不断消除对城市环境认识的不确定性；对环境的主动性才能逐渐建立，适应并改善环境才有可能。我们常常用"归属感"来形容一个城市，对城市归属感的形成，主要就是通过人们对城市表情的熟悉和理解，消除焦虑和畏惧的情绪，进而发生生产活动和社会交往。

其次，建筑表皮受众的审美需要。建筑表皮是一门以视觉为主的艺术形式，它是社会大众获取美学信息、建立美学标准的重要方式。从信息论美学的观点来看，这种美学感受实际上是通过一种给我们称之为"审美信息"的东西来传递的。建筑表皮是传达建筑美学信息的主要渠道，受众接受表皮美学信息的过程，实际上也是一个对社会一个时期的审美标准产生作用的过程。建筑师通过建筑表皮引导受众的审美取向，一个人长期接触的建筑环境会对他的审美标准产生重大影响。

最后，建筑表皮受众的社会化需要。人是社会的动物，不能离开社会。在现代化社会中，尤其是在高速发展的城市当中，人们从表皮所间接获得的信息，是他们满足社会化需要的重要途径。

1.5.3.2　受众认知的过程

受传者绝不是消极被动地接受所传信息的影响，受传者有自身接受信息的动机和目的。在接受和理解信息时也会受到群体规范的极大影响。

信息的接受存在着一定的主观性。大脑对视觉感受从现实而来，但同时又存在主观加工。这个过程有两个依据：根据环境——联系所观察事物处于何种环境，何种位置，与周围事物的关系；根据经验——联系记忆里曾经有过的相似经验，在这些相互关联的信息中，最终得出一个综合判断。人对外部环境的认知从知觉开始。各个感官既分工明确，又彼此相关，是一个由大脑来协调统一的整体，当大脑把各感官感受到的信息综合起来时，人对物体就有了比较完整的印象。这些信息在头脑中与过去存储的信息加以综合、比较，产生一系列的感受、联想等（表1-1）。

表1-1　人的信息活动层次（根据资料自绘）

信息活动	信息场	信息活动层次
	信息的同化和异化	
信息的直观识辨	感觉识辨	信息的表层认知
	知觉识辨	
信息的理解	概象信息	信息的内层认知
	符号信息	
	逻辑推演	
信息的社会再造	目的、计划	信息的深层认知
	行为调控	
	改变客体信息	

作为众多个人特性和社会特性的结合体，在接收和理解信息时，会表现出多种多样的心理和行为。但是，透过形式繁多的表面现象，不难发现隐藏在现象背后的一些具有规律性的信息接受行为：选择性心理及相应的注意行为，文化同构条件下的关联式理解，以及反馈行为形成的社会化变更。

（1）注意　受众对于表皮信息的注意，是促成一系列表皮受传活动的第一步，也是保证传播效果的重要环节。在设计过程中，正确的对信息选择加以引导、促进和强化，这样才能使建筑表皮信息的传播富有成效。

（2）理解　受众接受信息必须通过自己的思维活动，与已有信息比对后形成理解。表皮所承载的情感信息：地理信息、历史信息、城市信息等，就是在传受双方具有相同的符号储备，受众通过与自己的主观体验和态度发生关联，从而被认知的。

（3）反馈　反馈与传播是传播者与受传者之间以信息为中介

的相互作用行为。在空间上表现为来回往返的交流关系，在时间上表现为承接延续的因果关系。建筑表皮的信息传播不是一个点对点的传播，而是大众化的传播活动，影响着大众的日常生活、思维方式和行为取向。因此，有必要将受众对建筑表皮的认知扩大到社会范畴，以便更充分地认识传播的作用。

第2章
当代建筑表皮信息传播的本体需求

　　表皮是建筑重要的组成部分，它需要满足建筑的功能、形态和空间等本体需求。本章针对当代建筑表皮的特点，总结出功能分解、形态自治和空间整合的建构方法，通过表皮分解，可以满足细致、深入的功能需求；通过表皮自治，可以生成复杂、异质的建筑形态；通过与空间整合，可以塑造出积极、特殊的空间感受。

"也许建筑表皮的价值决定于他对建筑的满足程度，而不是决定于纯粹的'审美'考虑。"[33]

——罗杰·斯克鲁登[1]

表皮是建筑的一个重要组成部分，它是建筑内外空间分隔的界面，是内外环境信息交流的通道。它承担着围合与庇护建筑内部空间、协同建筑体量共同完成具有特殊要求的建筑形态、通过表皮特质塑造建筑内部空间效果等任务。表皮最终的生成，是这三方面建筑本体需求共同作用的结果。

2.1　满足围护功能的需求

建筑表皮最原始的本源是其功能属性，表皮的任何表现手段，都必须建立在满足建筑主体功能的基础之上。随着人们的价值观念、社会心态、生活方式的发展，以及工业技术的不断精细化和专属化，建筑主体对表皮的功能需求越来越复杂。为了理清这些错综复杂的需求关系，我们应该通过技术的手段对表皮构件信息、尺度信息、界面信息等进行分离，分别对它们的信息系统进行专项研究，从而达到优化整合的目的。这种信息关系的提取与整理，可以使表皮更加细致深入地协调建筑与人、建筑与环境的关系。

2.1.1　表皮构件信息系统化

建筑表皮功能的实现是分层次的。表皮总体的使用功能由具体功能单元共同作用而成。各项功能协同作用，形成体系，共同完成建筑的总体功能，而并非简单的叠加。建筑表皮作为围护结构，其整体性能的高效依赖于构件功能的完善。社会的发展使表皮担负着越来越多错综复杂的功能需求，将每类构件进行系统化组织，保证每个系统的高效运作，同时，系统之间又相互协调，这将使表皮构件信息实现功能最大化。

建筑表皮必须完成的基本功能主要有：保温隔热功能、通风

1　Roger Scruton：英国哲学家，在伦敦大学伯克贝克学院任教，著有《建筑美学》。

换气功能、采光遮阳功能、隔声减噪功能等。每类功能形成系统，几大功能系统之间相互关联、相互作用。多个子系统共同形成表皮功能体系，共同完成主体对表皮的围、护需求，从而提高每个构件的功效（图2-1）。

2.1.1.1　保温隔热系统

保温隔热功能主要是在夏天减少热能的传入，在冬天减少热能的损失。提高表皮的保温隔热能力，能够减少维持室内舒适温度的能源消耗。因此，这是表皮最根本的功能系统。由于对生存环境的可持续发展理念越来越关注，建筑外表皮成为保存能量的关键。将它从其他功能系统中分离出来，目的是在优化功能的同时获得一定的视觉效果。

基本工作原理是根据内部需求和外部环境调控构件系统的总热阻。可以使用一些能够降低传导、对流及辐射中的热损失的材料和构件来调节表皮的热传导阻力。固定的系统，比如复合的保温隔热系统或者带通风的立面系统，在不同季节、不同时间及外部温度和辐射条件不同时，并不允许建筑表皮的保温隔热属性随之改变；在可移动的系统中，保温隔热材料构件可以安装在现有表皮结构的外部或内部。根据建筑内部的需求而发生改变，并且能够创造出丰富的表皮形式。

太阳辐射对建筑保温具有一定的影响。当透明或半透明绝缘组合体被采用时，在寒冷的气候中能够利用太阳辐射直接提供给室内一部分热量，对建筑保温具有重要意义（图2-2）。这些构件系统可以用于能量的收集、分配以及储存。与传统的保温隔热玻璃窗相比，具有缓冲地带、半透明隔热系统、气凝胶的玻璃窗以及U值（热投射率）低于$1.0W/m^2$的高保温隔热玻璃，拓宽了太阳能的直接利用范围并减少了能量的损失。有些构件和系统，如装有半透明保温隔热板的大体积外墙，能将在白天储存的太阳能转变为晚间的热量供给（图2-3）。棱镜系统、微型格栅系统以及其他构件的利用，能够更加有效地利用日光，它们的大量使用，不仅可以有效地节约能源，而且使表皮形态设计有了新的切入点。

2.1.1.2　通风系统

建筑表皮在建筑内部的空气交换方面也起着重要的作用。将通风系统从其他功能系统中分离出来，目的是在优化功能的同时获得一定的空间效果。

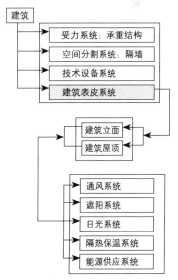

图2-1　建筑全系统图[34]

图2-2　玻璃幕[31]

图2-3　玻璃构件[31]

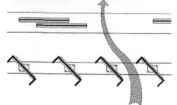

图2-4　巴黎大学研究所表皮通风[35]

为节省能源，应尽量采用自然通风（图2-4）。产生空气流动的主要原理是相邻两区域内空气压力的不同。当房间的深度与高度之比不超过2.5时，一般通过建筑表皮上已有的开口便能够满足空气交换的需要。根据开口的方式以及可操作构件的位置，这种方式可使空气交换介于0.2~50L/h之间。根据表皮的组合，通风构件系统的作用方式可分为三种：盒形窗户式、通风井与盒形窗户组合式、走廊式。[35]

在实际的工程设计当中，较少建筑能够完全依赖自然通风，多数建筑在不同程度上仍旧需要依赖机械设备，将自然与机械通风组合运用。当代，由于对建筑造型的追求，以及对室内温湿度的精确控制，往往采用封闭的围护结构。这就需要将机械设备组织到表皮工作系统当中，在建筑内部安装机械的暖通系统（HVAC）。这种系统可以维持相当恒定的热环境，可以应用于任何环境，而不受地理位置的限制。然而，这种方式会造成能源的极大浪费。

2.1.1.3　采光系统

为满足减少使用人工照明的要求，并符合内部舒适以及使用者的满意程度，自然光的使用变得越来越重要。将太阳光引入建筑内部，并且将其按照一定的方式进行分配，以提供比人工光源更理想和质量更好的照明。还可以通过建筑表皮的设计手段，改变光线的强度、颜色和视觉，营造出特殊的空间氛围。对自然光的利用分为直接和间接两种方式。直接利用主要表现为传统的侧面采光概念。光线的间接利用通常称为光学系统或光线折转系统，主要利用光的反射、折射甚至衍射现象来进行工作。这些构造措施融入表皮当中，必然会对表皮的视觉效果起到很大的作用。在对表皮采光系统进行设计的同时，不仅要关注这些构件的工作原理，还要重视它们的构成形态以及构造材料。这些工艺精湛的构件的叠加，使建筑表皮呈现出一种特殊的功能性肌理。

光线折转系统主要有两种工作方式：

（1）根据构件形状和表面反射性实现　一些建筑的外部采用百叶等片状构件，通过其光学性能的改变，将光线反射或折射到给定的室内深度。例如，由托马斯·赫尔佐格（Thomas Herzog）设计的威斯巴登的行政大楼（德国，2001）的表皮采用了多层材料构成的单层结构。该建筑项目的与众不同之处在于其智能化的表皮设计理念，不仅允许使用不同的照明设备，还可以灵活设置通风及具备与能源相关的特征。在建筑南立面，建筑采用了弧形铝制遮阳板和光线偏转构件，可以自动调节室内空间的光线强度。当天空阴暗时，可以将顶光反射到楼地板的底面上；当阳光照射时，构件旋转到垂直方向的遮阳板的位置上。这些构件随着天气状况而调整位置和角度，使立面外观不断处在变化之中。不仅是对光线的调控，这还是一次将全部的机械化设施集中在立面的创新之举。根据外部的温度和气流状况，上部的通风板可以部分地、完全地开启或闭合。这些都有助于控制房间的自然进风量并保证卫生状况所需的空气交换。固定的、中间填充了惰性气体的三层玻璃窗的区域具有良好的隔热保温性能，无色玻璃的使用也使得玻璃的透光度有了可靠的保证。外墙内侧与办公桌等高处有一个木质的配电箱，对流式取暖器专门用于预热通过通风口进入室内的空气。这个项目得到了德国联邦环境基金的支持（图2-5）。

a）遮阳百叶

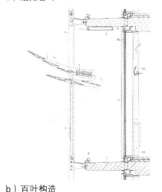

b）百叶构造

图2-5　威斯巴登行政大楼[31]

（2）根据构造材料自身的性能实现　技术的发展为材料的拓展提供了多种可能。通过材料手段，优化利用日光，保持传导的太阳辐射中的日光成分尽可能的高，而太阳辐射的短波和长波段则尽可能的低。保证达到节能目的的同时，维持室内可见光的射入量。

由赫尔佐格和德梅隆（Herzog& Dameron）设计的巴塞尔SUVA大楼（瑞士，1993）是一个扩建工程。保留现存建筑，使用玻璃表皮将新建筑与旧建筑一起包裹起来，形成一个完整的转角建筑，从而形成连续的城市景观。而玻璃的透明，又暗示了新旧体量的整合。这幢建筑的外表皮采用了不同性能的玻璃材料，以此达到不同的透射效果。建筑每一层都有三个层次："窗下墙"采用具有百叶图案的丝网印刷玻璃，中部采光部分采用透明度很高的玻璃，上段采用了具有强烈折射效果的棱镜玻璃。各个玻璃由电脑统一调控，当室外环境的光线、温度等条件发生变化的时候，它们将会做出相应的调整。该表皮中，利用材料自身性能的差异，充分利用太阳能、风能和折射光线的作用，真正达到了节约能源的目的（图2-6）。

2.1.1.4　遮光系统

当代建筑对于遮阳设计非常注重。良好的遮阳设计不仅有助

图2-6　SUVA大厦[36]

于节能，符合未来发展的要求，遮阳系统构件也成为影响建筑外观的关键要素。遮光系统包括遮阳与防眩光两大功能，统称为遮光系统。

从适应性的角度，可分为固定系统和可控系统。固定式遮阳常结合建筑造型处理，构成建筑物不可分割的组成部分。可调节系统则采用一些可控构件，根据具体的天气情况，进行适当的控制。这种方式比较适用于气候变化起伏较大的地区。

从安装位置来看，可分为安装在室外、室内以及中间遮阳三种情况。外遮阳对节约能源比较有利，内部遮阳有利于灵活控制，中间遮阳多应用于多层表皮当中。

遮光构件形态可分为五大类：水平遮光、垂直遮光、水平与垂直组合式遮光、挡板式遮光和百叶式遮光。每种构件形态都有其适用范围和优劣差异。在实际运用当中，常常需要综合考虑。因此，在选用的时候要考虑具体建筑所在的地理环境，还要考虑到建筑的整体造型以及表皮的肌理需求。当代，如何将这些传统构件转变成为表皮造型的积极因素，在功能最优化的基础上，创造愉悦的视觉感受。

当代社会，工业化水平很高，构件的系统化意味着制造精度和生产工艺的提高。构件分解得越细致，意味着它们之间组合的可能性越多。将这些构件信息充分地进行系统化设置，能够更好地体现每种构件的独特功能以及它们所组合的系统的协同作用。满足表皮功能的同时，还能够创造良好的空间与视觉效果。

2.1.2 表皮尺度信息整体化

尺度研究的是建筑物的整体或局部给人感觉上的大小和其真实大小之间的关系。尺度感是建筑与人体之间最基本的直觉体验。表皮的尺度信息是人们感知建筑最直接也是最重要的途径之一。在不同的参照标准下,表皮尺度信息的侧重点有所不同,因此要独立分析、整体考虑。

表皮的尺度设计是建筑对人性关怀的直接表现。不同的文化和时代,建筑表皮尺度的定位是不同的。同一座建筑,目标不同,建筑表皮的尺度定位也不同。古代社会的建筑表皮尺度是一种超人的尺度、神的尺度。当代社会的建筑表皮尺度更表现对人的身体的关怀;根据不同部位所使用的不同性质的材料的尺度定位也是不同的,恰当的材料尺度才能充分地利用材料的各种性能,恰当的材料尺度才能充分表达材料的各种附着信息。另外,建筑存在于环境之中,环境中的各种物体都可以作为建筑表皮的尺度参照,避免建筑与环境的脱节。无论是哪种尺度表达,归结起来都是对于人性的关怀,都是充分考虑到人们的视觉和心理感受,而建立起来的尺度标准。

在建筑底部或人容易接触到的部位,洞口、橱窗、廊道等成为表皮的组成元素,与人的行为密切相关,应该充分地考虑到表皮与身体尺度的关联;表皮是人们认知建筑与环境关联的第一界面,建筑尺度的一个重要来源即是环境参照;材料特性是建筑表皮尺度的另一来源,当一个建筑的外表面适当地采用多种材料组合时,材料尺度的相互比对能够形成更加准确、丰富的尺度感受。

2.1.2.1 表皮的人体尺度

(1)人体尺度 身体是人感知世界的媒介。所谓身体尺度是人在活动中所能接受的尺度感受。人们对建筑的感知,总是以自身的尺寸作为参照。

不同的文化和时代,建筑尺度的定位是不同的。古代社会的建筑尺度是一种超人的尺度、神的尺度。这种神的尺度表现在巨大的柱子,以及他们所形成的空旷的室内空间。现代主义建筑中的尺度问题被看作是科学的可计量体系,是基于正常人的坐、立、行、走等基本行为而扩展的模数系统。这一系统直接量化了层高、窗高、门高、阳台等建筑表皮构造的基本尺寸，这些数据进入人们的常识系统，成为人们衡量建筑规模的标准。当代，表皮设计的尺度，很难在尺寸和规模上定量，计算机技术的应用，使建筑师有了很大的自由发挥的空间，建筑也不再受到批量生产的模数限制。然而，身体的尺度，仍旧是衡量表皮尺度的重要标准。通过人体的物理尺寸与表皮的物理尺寸形成对比，以人的尺寸作为参照，完成对表皮尺度的感知。

但也有一些建筑，表皮统一的材料体系突出了建筑的整体性，却模糊了尺度的概念。还有一些建筑表皮，通过调整构造的尺度，而形成特殊的视觉效果。将表皮构件的尺度缩小，以达到扩大建筑视觉感受的目的；或者扩大构造的固有尺寸，将其作为表皮的视觉中心着重处理，从而形成戏剧化的风格特点。一般而言，母题多、细部划分多的建筑，比母题少、细部划分少的建筑更容易造成视觉的膨胀感。但无论采用哪种方法，都需要建立起人体与尺度的关联，无论这种关联是显性的还是隐性的，都应该有利于人对建筑的理解。

（2）人体尺度的表达   尺度与比例是表皮的基本属性，以身体尺度为依据的设置一些尺度构筑手段，可以加强人们对表皮的感知，建立人与表皮的关联。从另一个角度讲也是人性化的设计。

尺度标志的设置。人体的物理尺寸如身高、臂长等，决定了一些建筑构造的尺寸，这些为人们所熟知的构造可以辅助人们推断建筑尺度，因此称之为尺度标志。门、窗、阳台、栏杆等固定尺寸的建筑元素都是常见的尺度标志。通过以这些尺度标志作为参照，人们更容易感知整幢建筑的规模和尺度。具有多种尺度标志的建筑，通过尺度标志间的比对，利于形成相互印证、相互加强的效果。

着重处理近人尺度的细节。当人距离建筑很近的时候，建筑是细部的集合。此时，人们可以依靠细部的大小进行对比判断，而细部的大小是建立在人体的尺度上的。建筑物底部是人接触最频繁的部位，这些部位的精致与粗糙直接影响到人们对建筑物的印象，入口、橱窗、廊道等构造的尺度，都必须经过精致耐心地处理。在建筑中，由于细部所处的位置不同，细部的尺度也不相同。例如，建筑物的主入口和次入口，二者本是同一功能构件，但由于主入口反映的是建筑物与城市的关系，而次入口往往是建筑物内部需求所致，因此，应该在造型上进行调整。但为了协调同一建筑上尺度的不一致，还需要通过更小一级的细部尺度来求得统一，如形式的呼应、分隔线的沟通、材料的一致等手法来取得和谐。

形体单元的运用。当代建筑形体复杂，表皮更加难以判断其尺度。这时候可以采用形体单元的方式，通过将大体量拆解成若干相似的单元，来把握形体单元的尺度，并由此判断出建筑整体的尺度。表皮的很多元素都可以构成形体单元，如材料的肌理、构造母题、尺度划分等。例如，由美国SOM事务所设计的上海金茂大厦（中国）模仿中国古塔，采用竖直方向逐渐收分的形体单元，不仅表现了高层建筑的挺拔感，还隐喻了中国的传统文化（图2-7）。

2.1.2.2　表皮的材料尺度

（1）**材料尺度**　每种材料具有其自身的材料特性，它们的基本尺度各不相同。例如，砖是一种最基本的建筑材料，砖墙的勾缝能够使我们很容易地判断出墙面的尺度。天然木板的宽度受到树的半径的限制，石材、玻璃等的受力特性也决定了它们的基本尺度。我们头脑中的固有概念和常识使我们很容易判断这些常见材料的单位尺度，它们组合在一起，也是我们判断建筑尺度的重要依据。但也不可否认，现代工艺的进步使材料尺度的概念正在逐步模糊。

（2）**材料尺度的表达**　感知是人脑对直接作用于感觉器官的客观事物和主观状况整体的反映，体现为心理意象与身体运动的交融。人体与尺度的建立，主要通过人体的感官来完成。身体对建筑的体验包括视觉的、触觉的、听觉的、味觉的、嗅觉的和情绪的。对于建筑表皮而言，视觉和触觉是人体与尺度建立的关键。

划分线是使建筑表皮的尺度感清晰的重要手段。划分线的形成有很多方式，如用色带或者凹缝形成；块状材料之间的勾缝；大面积材料之间留出的伸缩缝；板材、幕墙所使用的肋、框材……另外，印刷、雕刻或者采用别的手段在墙体上形成的装饰图案等也能够起到划分尺度的作用（图2-8、图2-9）。人们对于较小的尺度总是相对容易把握，划分线就能够起到将大尺度对象分隔成小尺度单元的作用，从而使人们的判断更简单明了。但划分线应当遵循一定的原则。墙面划分尺度过大或过小，都会误导

a）金茂大厦

b）中国古塔

图2-7　形体单元的运用[37]

图2-8 压型金属板材分隔线[38]

人们对建筑正确尺度的判断。另外，表皮的划分也能够体现建筑的性格特征。通常划分比较多的建筑易于辨别其尺度具有亲切宜人的性格；划分较大且划分线非常鲜明的表面，建筑表现出粗犷有力的性格；而没有任何划分的建筑显得果断理性，倾向于冷漠的性格。一幢建筑的表皮划分可能同时存在多个系统，主尺度体系要明确、次尺度体系要能够被人正确认知。

材料质感的运用是体现细部尺度的关键。在建筑界，对视觉的讨论已有很多，视觉已成为知觉领域受到关注最多的主题，因为较其他知觉，视觉意象显得更为直接、更为显而易见。材料质感的变化，不仅可以通过视觉感知，还可以通过触觉感知。通过触觉，人们能感受到材质凹凸的尺度变化，从而感受到建筑的重量、软硬度和物质的抵抗力。实际上，人们往往一边观察，一边触摸建筑来感觉建筑之美，以感悟建筑师的意图所在。而在建筑表皮细部保留有手工艺操作的痕迹，以此激发人们的情感，这在许多建筑师作品中都能看到。

材料种类的对比能够避免尺度的单调。每种材料都有其固有的属性特征：材料单元的尺寸、材料的质感、材料的肌理等。当建筑表皮将多种材料混合使用时，不仅能够避免材料的单一感，而且能够通过材料之间的对比，强化每种材料的尺度感。当一些人造板材尺寸过大的时候，为了避免尺度的迷失，建筑师还常常通过划分线或划分图案的方式，使建筑表皮具有准确且宜人的尺度感。

2.1.2.3 表皮的环境尺度

（1）环境尺度 环境参照不仅包括基地原有自然地貌的尺度和相邻建筑的尺度参照，还包括当地的文化、风俗和生活习惯

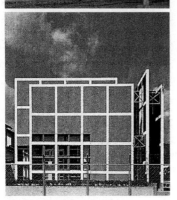

图2-9 玻璃幕墙分隔线[38]

等。对于一个陌生的建筑，观察者常常会选择其周围环境中以往熟知的物体作为参照物，进而作出判断。

（2）**环境尺度的表达**　环境尺度表达于建筑表皮，需要将表皮尺度与环境尺度建立一定的联系。

与基地环境中的自然尺度协调。如建筑基地的地理环境、植被、人工物等，都能辅助我们判断建筑的尺度。人们在观察建筑表皮的同时，自然而然地会将其与周围环境进行关联比对，这些环境当中的常规尺寸，必然成为参照物，影响表皮尺度的表达。

a）新建建筑尺度构成

与临近建筑物的比例尺度协调。相似的尺度感更容易形成新旧建筑的融合、达到环境的认同。表皮尺度与原有建筑协调，或表皮比例符合传统习俗分隔，是当代新建筑与老建筑取得协调的有效手段。例如盖里设计的布拉格尼德兰大厦（捷克，1998），虽然新建筑的表皮采用了新式的材料和不规则的形态，但窗的比例、大小等尺度系统，材料的颜色，不同材料之间的比例关系等，都与周围建筑是相似的；因此，建筑与环境达到了某种程度的统一，使新建筑很好地融入了已有环境当中（图2-10）。

b）旧有建筑尺度构成

图2-10　布拉格尼德兰大厦[39]

与地域的文脉尺度协调。环境尺度不仅仅是有形的，还包括无形的地域文化和生活方式等。将人们固有认知中已经形成的尺度定式融入表皮的设计当中，是体现建筑地域特色的有效手段。

身体尺度、材料尺度和环境尺度是建筑表皮尺度设计的主要依据。除此之外，表皮尺度感的形成还有很多相关因素。这些因素相互影响、相互制约，共同作用于我们的感知系统。但无论哪类尺度，在其体系内都应该维持统一的标准，尺度不一致的细部会给人们造成视觉混淆。因此，对于一个主体而言，整体化考虑各个尺度标准，选取恰当的尺度信息，是表皮信息组织的关键。

2.1.3　表皮界面信息复合化

利用不同界面的属性，将多层界面信息有效叠加，能够得到最大化的复合效果。在表层系统中，各层界面的主要信息是有差异的，应该使每层界面的信息都充分展现，以便更好地满足建筑对表皮的功能需要（单层表皮也分内外界面，但此处主要以多层表皮为例展开分析）。表皮分层设置的原因有很多，主要有以下三个方面：

（1）**建筑节能**　多层表皮之间相互作用，减少能源消耗以及优越的内部环境条件，使得多层立面成为一项最有意义的表皮全新发展体系。这种体系的共同特点是降低能源消耗，提升室内环境的舒适度，减少机械调节，增加自然通风、采光。

（2）**视觉表现** 当代建筑对复杂形态的追求使单层表皮已经无法满足需要，建筑形态的视觉效果由多层材料及前后层叠的构件系统综合形成。随着观察者位置的不同，所看到的各层表皮之间的关系也会随之变化，再加上各层表皮不同的工作状态，使建筑表皮呈现出多种视觉效果。

（3）**材料特性** 每种材料在物理性能和外在表现上都具有其自身的特性。不同材料特性适应于不同的表皮部位，几乎没有一种材料能够恰好完全符合这些要求。因此，混淆材料特性常常会造成表皮功能的不完善或材料的浪费。通过表皮的界面分离，能够根据不同部位进行具有针对性地选择，从而充分发挥每种材料的特性。

为了更好地了解每个界面的功效以及它们的特性，以便更好地发挥协同工作的效果，下面就对多层界面进行分离解析。

2.1.3.1 表皮的外界面

在多层界面的表皮体系中，各个界面层级的特点是各有侧重的。表皮的外界面以形态性为主，主要起到承载建筑视觉信息的作用。外界面不是独立存在的，它需要与其他层面共同作用，完成表皮的视觉表达和功能需求。

多层表皮的外界面多采用可呈现型材料。从而形成与其他界面的材料和空间的双重渗透与浸润。对于观看者的知觉而言，外界面将与内界面发生相互影响，产生渗透感，呈现出一种类似形式感知的"格式塔"效果。材料的位序使材料组合以后，充分显示各自特性，更好地发挥各自的功能。另外，层与层之间构件的连接也影响着表皮的形态，连接方式的突出表现，能够丰富表皮的视觉与空间效果。由边缘建筑事务所设计的巴黎皮埃尔-玛丽·居里大学扩建项目（法国，2006）位于巴黎历史中心区附近的朱西厄大学校园内，原有校园呈网格状平面布局，边缘建筑事务所提出了一个稍作变形的几何形态，以使扩建部分看上去更像是一个独立完整的实体。建筑外窗的划分沿用了现存建筑的方式，然而在玻璃之外，覆盖着一层由十种穿孔金属板组成的金属表皮。每种金属板都有不同尺寸的圆孔，使建筑表皮更具有空间

a）表皮的外界面   b）表皮内界面

图2-11 埃尔-玛丽·居里大学扩建项目[40]

感和多样性。圆形空洞不仅过滤了玻璃面上的日光与反射，还创
作出了闪烁的效果（图2-11）。由赫尔穆特·扬设计的柏林SONY
中心（德国）在建筑的混凝土外墙面外，又增加了一层大面积金
属网作为外界面的材料，金属网的半透明性使整个建筑呈现独特
的朦胧的质感（图2-12）。

　　独立存在的表皮外界面。空间不再拥有明确的边界，只是通
过暗示的方式来建立空间的区域感。表皮形态完全不受建筑的束
缚。例如由Ash Sakula Architects设计的伦敦共有住宅（英国），证
明了低预算的住宅也可以做到精美与创新。建筑师在建筑的围护
结构外添加了一层透明的玻璃纤维防雨屏，里面还装饰了艺术家
设计的可回收电线。防雨屏在建筑的一面呈水平波浪状，另一面
则呈垂直波浪状。在波纹的低点处用螺栓固定，使用弯曲成形的
垫圈和弹性抗压环，既保证了螺栓的耐久性，又成为表皮的装饰
性构件（图2-13）。由让·努维尔设计的巴黎卡蒂埃基金会大楼
（法国，1994）是巴黎城中一座简单却动人的建筑。建筑临街的
表皮是高达8m的玻璃丝网面，距离主体建筑14m，透过网面和玻
璃幕，人们依稀可以看到建筑后面的花园景象。复杂的环境信息
投影到建筑的表皮上，创造了一种视知觉的模糊，网架的延伸模
糊了建筑的边界，努维尔说，"通过并置三面平行的玻璃面，我
们创造了一种视觉模糊性……甚至由于一系列的反射，人们会问
树木是在里面还是在外面，他们看到的是映像还是真实的存在。"
分离的玻璃板使建筑表皮传递给人们大量与已有认知完全不同的
感知信息（图2-14）。由姚仁喜设计的台北NY购物中心是一个以

a）金属丝网增加了建筑的朦胧感

b）金属丝网构造细节

图2-12 德国柏林SONY中心[40]

零售和展览为主的商业建筑，主要销售从美国进口的商品。建筑正立面是一面70m长的玻璃墙，看上去仿佛独立于建筑的主体结构，自下而上距离逐渐加大。这片玻璃墙仿佛是一个巨大的橱窗，建筑通过它在一天的不同时段呈现不同的表情，创造出一种微妙却十分生动的商业氛围（图2-15）。

2.1.3.2　表皮的界面间层

表皮层与层之间形成的空腔具有狭窄的空间属性，不同尺度的空间可以采用不同的利用方法，从而达到不同的效果。

（1）设备尺度的层间空间　我们通常情况下所指的双层表皮的界面夹层都是以设备尺度为依据的，它的空间比较有限，仅能满足能量交换和专业人员维修的基本要求。通过间层的空气对流，以达到节约机械能做功的目的。

最常见的即是双层通风玻璃幕墙。两层玻璃幕之间一般留有200~600mm的空间，利用气流的烟囱效应，造成自然气流的循环；气流在两层玻璃幕墙中间由下向上循环。无隔断空腔的玻璃双层立面包括：无划分玻璃双层立面、中庭、"屋中屋"（图2-16）。夹层空间在垂直方向上可以是一个或几个楼层分为一个通道单元（图2-17）。根据需要，也可以在竖直方向划分一个或多个单元（图2-18）。当每一个窗体单元都是一个离散的个体时，构造最为复杂，称为箱体式（图2-19）。

由建筑师赫尔穆特·扬设计的德意志邮政大厦

图2-13　伦敦住宅[41]

图2-14　卡蒂埃基金会[42]

图2-15　台北NY购物中心[43]

（The Post Tower）（德国）是德国著名的邮政公司的新总部大楼。这座建筑高162.5m，能够俯瞰莱茵河，现已成为德国前首都波恩市的标志性建筑物。为了最大化地利用自然资源，减少人工设备的运用，建筑师采用了双层表皮的设计方法，内外表皮均为弧形玻璃。外层采用通透性良好的低铁玻璃，内层选用了Low-E中空玻璃，整幢建筑几乎全年都可以通过内外表皮的空气间层进行自然通风，最大限度地减少了外部设备的运用。大厦的幕墙将钢材的特性发挥到极致，幕墙的重力以每个9层高为单元，由直径为12mm的钢索悬挂于楼板边缘；作用于玻璃表面的风荷载通过水平的"风针"传递给楼板；设计的结构使表皮更加高效轻盈，从生态和经济的角度都达到了最佳效果。另外，这座大厦在空气间层还采用了LED技术，使建筑在夜间看起来非常多彩奇幻。它每分钟变换一次表皮颜色，每当圣诞节等特殊日子来临的时候，表皮就会呈现出圣诞树等图案。建筑与水中的倒影相映成趣，给人们留下非常深刻的印象（图2-20）。

（2）**活动尺度的层间空间**　当表皮层间尺度不断扩大，容纳的可能性就越来越大，其中也包括人的活动。这个狭窄空间介于内外环境之间，兼有二者的属性。当这个空间相对封闭，则内部连廊的属性多一些；当这个空间相对开敞，则外部庭院的属性多一些。

"边廊空间"：由托马斯·赫尔佐格设计的德国贸易博览会有限公司管理楼（德国，1999）通过实现功能与空间的结合，通过结构形式与能源理念的相互协调，通过开启通向双层界面之间夹层空间的落地推拉窗，所有使用者都能够享受到自然通风。外层的玻璃表面阻挡了高速的气流，起到屏障的作用，两个界面之间狭长空间所形成的缓冲效果，增加了内部环境的舒适性。另外，将承重柱置于双层界面间的空间层，柱子就不会对功能性的楼层空间产生影响（图2-21）。

"边园空间"：由大舍建筑设计的青浦区私营企业

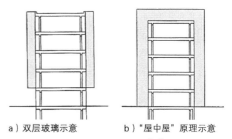

a）双层玻璃示意　　　　b）"屋中屋"原理示意

图2-16　无划分式双层玻璃幕墙[44]

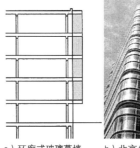

a）环廊式玻璃幕墙示意[44]　　b）北京公馆[45]

图2-17　环廊式

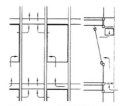

图2-18　井道玻璃幕墙示意[44]　　图2-19　RWE AG办公大楼[44]

a）表皮外观　　　　b）玻璃幕墙细部

图2-20　德意志邮政大厦[46]

协会办公楼中，建筑师通过双层表皮的营造，不仅巧妙解决了环境与建筑的关系，而且使这个"边园"成为整个建筑最突出的特色。建筑在基地边缘采用透明的玻璃对建筑进行了二次围合，形成了建筑的外界面。建筑内界面采用二次印刷的白色冰纹肌理。内外界面之间形成了可供人们活动的自然空间。在这里，空间的感受是混沌的。人们在其间自由地穿行、停留，有人将其称为"边园空间"，足以见得这个狭窄空间所蕴含的无限活力。外表皮的透明度决定了层间空间的"自然环境"，具有一定深度的空间感受与建筑外界面共同为建筑内部空间提供了自然背景；而在此基础上的内界面处理，则带给人们无限的遐想（图2-22）。

在当代社会环境中，建筑表皮不再是一种单纯的物理存在，同时也承担着特殊的社会责任。因而，这种具有活动尺度的双层表皮不仅是物质能量交换的缓冲，也是一种社会关系的缓冲，它是建筑表皮未来的一个主导发展方向。

2.1.3.3 表皮的内界面

表皮的内界面与外界面一同完成表皮的生态和形态功能。但内界面直接与人的活动接触，材料的设置、尺度的设置、色彩的设置需要更多地关注使用者的感受。

对外，它需要与其他界面一同，通过多层次的叠置，达到复合的视觉效果。此时，要注意内外表皮互为图、底的关系；因此，要考虑图与底之间，形态、颜色、图案等都是经过叠加渗透的，要使这种叠加具有层次感和空间感，而避免层次之间的混淆。由于多层界面组织允许甚至鼓励对整体系统的不同部分之间的交互联络和多元解读，因而具备了一种内置的弹性应用。弹性存在于可能的解释当中，提供给人们解读的多种可能性。多层次、多元化的解读，也提倡个性化的解释，人们不再是"外部的旁观者"，他们亲身参与，成为整体的一部分，当阅读表皮的时候，当他不得不从几种可能性中选择一种可能的解读，他就凭借想象成为创造性过程的一部分。

另外，当界面之间距离达到一定尺度的时候，即能够形成光影效果；那么，还需要注意外界面的光影对于内界面的影响。

表皮的各层之间的组合方式与组织秩序以及各层内部的组织结构都将影响到整个表皮系统的功能运作和形态生成。表皮支撑与界面的组合方式对表皮体系具有决定性的作用。表皮之间的组

a）表皮外观　　　　　　　　　　b）"边廊"空间

图2-21　德国贸易博览会有限公司管理楼[34]

a）表皮外观　　　　　　　　　　b）"边园"空间

图2-22　青浦区私营企业协会办公楼[47]

织秩序在很大程度上决定表皮的整体表现，并影响各层内部的组织结构。各层内部的组织需要纳入前一层的组织秩序之下，同时反作用于表皮整体，各层级才能有效工作并形成一个有序的整体。多层表皮已经出现了很长时间，但实践的经验并不多，仍旧处在不停地研究和发展当中。作为当代社会背景驱使下的表皮体系，具有广阔的发展前景。

2.2　表现复杂形态的需求

建筑形态被感知有一个基本过程。人们通过对建筑表皮的观察、鉴赏以及在建筑内外的活动，感受到建筑形态诸因素给人们的刺激。接收到这些信息后，通过综合整理，进而感悟到建筑的形态，形成观感，并产生相应的情绪。表皮使建筑从三维回到二维，使构建空间的手段成为内容。当代，在复杂性科学理论及其思想的影响下，建筑形态正在向更加复杂的方向发展。建筑的界面不再是"非此即彼"的二元对立产物。建筑表皮参与整个建筑的外部形象表现，具有复杂的形态特征、生命体特征、地理环境特征等，具有更自由、更丰富的信息内涵。

2.2.1　表皮信息主导建筑形态

当代建筑表皮不再仅仅作为表达建筑的手段，依附于建筑的结构与功能，而作为建筑重要的组成部分，自成体系，展现出自身的价值。表皮具有自我组织、自我建构和自我表达的能力。表皮形态信息的组织直接决定了建筑形态的生成，成为建筑形态信息的主导。

拓扑变形是表皮形态主导建筑形态的一种主要形态手段，它是建立在拓扑学的几何逻辑之上的形态发生及演化机制。拓扑学作为几何学，与研究对象的度量性质无关。它将物体设想为可以连续变形而不发生断裂、可以任意弯曲、折叠和扭曲的系统。拓扑变形反映了事物从一种多样性统一形式转变成为另一种多样性统一形式的具体过程。法国生物学家德阿尔西·汤普森（D Arcy Thompson）曾经采用拓扑变形的方法来描述物种演变。几何网格在外力作用下产生连续的变形，由一种形态进化成另一种形态（图2-23）。数字技术环境下，这种拓扑变化逐渐引入建筑表皮设计当中，使表皮不断突破以正交体系和欧几里得几何为主导的建筑形式语言，而呈现"平滑、折叠、异规"的特性。表皮向体系化发展，参与空间生成，呈现出多维化的特征。然而，正如林恩所言，建筑师最重要的是建立拓扑思维，而不是仅仅了解形状。

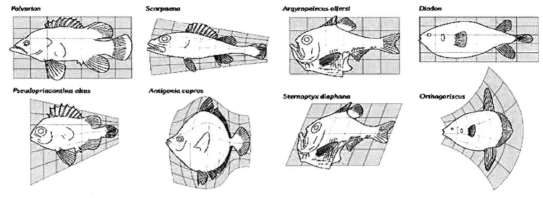

图2-23 鱼类进化的拓扑演变[48]

2.2.1.1 柔性平滑的表皮

"平滑生成"的理论基础来源于德勒兹哲学，是指以一种连续的方式将异质元素整合到同一系统当中，这些元素既保持了自身的完整，由于其他元素在一个连续区域中相混合，这些随意密度的要素会借助某种同时加入每个元素的外部力量来实现"混合"。这种外力来自于各种文化和环境，从而形成某种柔性形态。通过数字手段把曲线表面分成若干小的、相互联系的部分，用来准确地表达结构、能量、动力学等技术信息，从而得出可被感知的空间形体。这些自由表面的制作，都经过严密的逻辑和理性的推算。这种方式产生的表皮，不与既定的形态有直接关联，而是与当时的情况直接相关。因此，他们表面上看起来确实是非理性的，但它们却是经过推理演算真实得到的结果。也正是这些"感觉"上的非理性，使这些建筑强烈地冲击着我们的视觉感知：充满动态感的线条、模糊的顶棚与墙壁的边界、若即若离的室内外空间，使原本处于技术逻辑下的表皮形态，带给人们巨大的想象空间。

格雷戈·林恩（Greg Lynn）是哥伦比亚大学数码建筑实验室新一代建筑师的代表，他的平滑变形理论具有一定的代表性。他提出了"泡状物"（Blob）概念；即当两个球体接近时，会相互吸引并以某种平滑的方式形成更大的"泡状物"，而非简单相连。就此，建筑师进行了大量的电脑分析与数字模拟。终于在1998年，林恩设计了"胚胎住宅"。这个建筑共由2048块不规则的曲面构成，板块之间相互作用，形成网格，联动变化。但无论它们如何变化，它们之间都是拓扑同构的关系，建筑的表面既没有开

a）表皮的拓扑演变

b）表皮模型

图2-24　胚胎住宅的表皮生成[48]

a）柔性平滑的建筑表皮

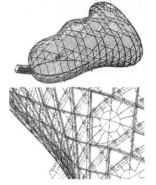

b）主、次结构CAD模型

图2-25　格拉茨现代美术馆[49]

口和缝隙，也没有尖锐的转角。这项研究，使"泡状物"的拓扑变形不再仅仅停留在电脑模拟的图像当中，而上升到可以规模化生产的层面（图2-24）。

由建筑师彼得·库克（Peter Cook）等人设计的格拉茨现代美术馆被当地人称之为"友善的外星人"。这座建筑不仅展现了材料与技术的运用，更重要的是开拓了一种新的设计思想。美术馆诠释了林恩的"泡状物"（Blob）理论。光滑流动的曲面体量具有不可还原为简单形体的连续复杂性，柔软的不定形态，无内无外的连续曲面给人含混、暧昧、黏软的视觉感受。像这样的非欧几何建筑，无法通过传统的平、立、剖面进行设计和表达。其唯一有意义的表现形式就是计算机的三维数据，而后，这套数据会直接传输到制造阶段，指导建造。格拉茨美术馆表皮的媒介化、非物质化、独立表现以及与环境的互动等方面都站在了时代的最前沿。建筑师将光电板和感应器整合到建筑的外表皮，通过数控系统，动画、图像和文字信息可以按照每秒20帧的速度播放，每盏圆形的灯就相当于一个可控的像素，使建筑外表面成为一种表达数字、表现艺术以及其他信息的新媒介。不仅如此，建筑表皮还可以与环境产生互动，设置在天窗周围的麦克风采集了含混的城市声音，经过混音处理，再通过顶部扬声器向城市播放，从而创造出一种低频声云。表皮与环境构成了一种特殊的建筑语汇，动态信息在建筑与环境的互动中通过表皮传递出去（图2-25）。

未来系统事务所（Future System）设计的伯明翰百货大楼（英国，2003），通过引入三维向度的非线性曲面形态，来刺激建筑环境的复兴。整个表皮在一个连续的动态过程中一气呵成，宛如潮水一般不断向外涌现（图2-26）。在此，维度在方向上发生了混淆。建筑外表皮由数千个铝制圆片构成，在日光下闪耀，反射了天气变化与周遭环境。界面形态与延续的视觉效果模糊了各个方向维度间的棱角。他模糊了建筑与周边环境的主次关系，消解了从历史到现代的跨越，以谦逊的态度与身后的哥特式建筑产生对话；同时，又鲜明地诉说着城市的时代变迁。

2.2.1.2　折叠变形的表皮

17世纪，德国哲学家莱布尼兹（Gottgried Wihellm Leihniz）提出了褶子（Folding）理论，之后，另一位法国哲学家德勒兹

图2-26　伯明翰百货大楼[50]

（Gilles Deleuze）发展了这个理论，并出版了《褶子：莱布尼兹和巴洛克》。在这本书里，德勒兹提出了褶子的世界，指出物体在物质–本体层面是在由内向外及由外向内的双向折叠中形成的，没有内与外之分，而空间与时间就在物质的折叠中产生，因而外观就是物体的自身组织。[51]

　　"折叠"来自拓扑变形的范畴，平面折叠以后，面上的点的位置关系发生了改变，但不同点之间的位置仍然能用一定的数学关系表达出来。折叠变形的表皮赋予建筑很强的包容性，任何贴近其表面的物体都将被纳入体系之中。由于这种折叠性，表皮上的每个点都代表一次转向变化。物体外部表皮的折叠可带来其体量的变化和内部空间构成的变化。外部和内部同在物体的表皮上制造出一定的张力，使表皮的曲折变得紧张而有意义。表皮发生折叠处的"裂缝"使不同空间之间存在着差异。如果说平滑表皮使空间具有容纳差异的能力，那么折叠这种变形操作则使差异总是处于"多样"状态。折叠所产生的形体效果是单一的、非参照的，并且充满了边角空间和间隙空间（图2-27）。

　　库哈斯（Rem Koolhaas）设计的西雅图图书馆（美国，2004）由三个悬浮的方盒子和它们之间的公共空间组成。折叠的表面形成的钻石般的表皮形态，隐喻了都市的多重性。整个建筑体量都被玻璃和钢制网格结构组成的表皮所覆盖。空间与表皮彼此抗争，力的相互作用形成了折叠的效果。曲折的外观在盒子之间形成了出色且稳固的支撑面，网格图案形成了表皮肌理。这个巨大的网格状表皮并非哗众取宠。菱形钢构架及其上镶嵌的玻璃可以获得最大的采光面积，同时用钢量最小、焊点最少。合理的玻璃尺寸提高了施工效率，还使得玻璃表皮更容易清洗，堪称建筑技

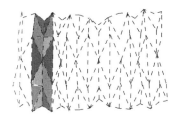

图2-27　形体折叠的拓扑形变[48]

术与艺术完美的结合。玻璃的质感从一定程度上消解了建筑巨大的体量，同时亦折射出当代社会与都市生活的复杂性特征。就像雷姆·库哈斯自己所描述的那样，他将其视为一个信息交流的陈列箱，一个思考与反思的场所。而这种动态性和多元性正是通过不断折叠的界面形态表现出来的（图2-28）。

彼得·埃森曼用于莱茵哈特大厦（德国，1990）中的"折叠"手法，源于柏林都市的多维向度，其连续折叠的界面形态隐喻了大都市的不断变化和城市景象的多面性。[50]"多元律动"的折叠界面似乎在改变着建筑与社会的格局关系，通过折叠展现自我。在这种无尽的折叠下，建筑表皮与建筑空间达到一种新的状态：折叠的表面成为空间的生成器，浓缩了空间与形态的双重属性（图2-29）。

由扎哈·哈迪德设计的格拉斯哥交通运输博物馆（苏格兰，2011）的连续界面形象亦伴随着折叠的形态特征。由于基地选址于两河交汇处，因此建筑别出心裁地导入了水波状的建筑形态。这种折叠的表皮形态，恰到好处地诠释了河流与城市的波动状态。由此，建筑和谐地植入环境当中，并通过犹如波浪般的褶皱向游人昭示格拉斯哥城的开放性[50]（图2-30）。

2.2.1.3　结构异规的表皮

贝尔蒙德的异规思想源于他对复杂性科学的理解。他运用模糊理论和分形几何原理，通过"异规"打破常规的静力传递方式。[40]

由荷兰建筑大师雷姆·库哈斯设计的CCTV总部大楼（中国，2012）是真正将莫比乌斯环的形态运用于实际建筑项目并真实地建造起来的实例，它更加直接地体现了莫比乌斯环无限循环的几何特征（图2-31）。该建筑打破了高层建筑仅在二维向度的预见性，而形成了真实意义上的三维效果。建筑以整体、系统的结构形式出现，打破了传统结构力的传递方式，让力在建筑空间的网架中传播，穿越空间，从屋顶到墙再到地面。建筑师将外部筒状结构体系交错地布置于整个建筑的表皮之上，结构形成菱形网格的同时形成了表皮的肌理。库哈斯委托Arup采用LS-DYNA参数化软件通过大量运算生成了建筑的受力分布图，并进行结构优化。玻璃外墙疏密无序的网架所表现出的非理性模式却恰恰反映出结构系统受力的最理性模式。

"结构异规"使结构也变得生动起来，它通过异规形成了新

图2-28　西雅图图书馆[52]

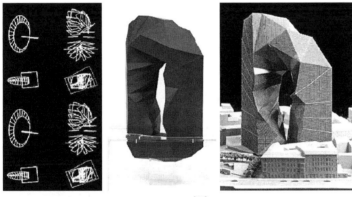

图2-29　莱茵哈特大厦形态来源与体量分析[50]

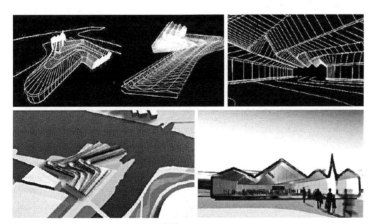

图2-30　格拉斯哥交通运输博物馆[50]

图2-31　CCTV总部大楼[53]

的形式概念。"结构异规"拒绝探索那种遵循网格限制的构图，而是追求一种结构形式综合表达的途径，以此来寻找控制建筑全局的表皮逻辑。

2.2.1.4　维度拓展的表皮

表皮体系是建筑表皮进化很重要的一个表现。当代建筑表皮从二维的面变成具有三维厚度的立体表皮，这种转化使表皮的设计成为一个生成化的过程。通过几何化的操作和计算机辅助运用，表面在重复中生成富有韵律的立体表皮。表皮对空间的"包裹"将表皮的材料和构造特点融入空间之中，建筑空间与表皮空间相互渗透，相互影响。生成理论运用数字化、参数化和过程化的方法将涉及条件转换为运算法则输入计算机，通过迭代、递归等运算程序生成建筑形态（图2-32）。

在数字技术高度发展的条件下，建筑的复杂形态越来越依赖于面构形态的生成。建筑表皮在复杂建筑形态表现中，起到举足轻重的作用。在拓扑变形方法的驱动下，建筑表皮突破以正交体系为主导的建筑形式语言；在可持续发展理念的指导下，表皮形态延续了生命机理，模仿生命体，并将它们反映到表皮形态当中，创造了具有生命体特征的建筑形态与空间；在场所营造思想的推动下，建筑与环境的契合又一次成为建筑形态关注的焦点，建筑形态与环境变得相互衍生、不可或缺。

2.2.2　表皮信息模拟生物形态

在生态与可持续思想的引导下，人们对建筑表皮的研究已经不再局限于将其作为室内外空间的分隔构件，也逐渐超越了单纯形式美的研究范畴，而且具有了诸如呼吸、调节等生物体功效，并逐渐走向对多功能的整合。[54] 这些建筑表皮从自然和生物形

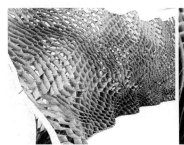

图2-32　体系化表皮[53]

态中受到启发，具有"仿生"的特征，通过对生物体机能、结构、形式的模拟而生成的表皮形态具有生命体特征，就像建筑的"皮肤"，具有自然形成的肌理效果，能够与外界环境进行能量和物质的有机交换。与有机思想的内涵相融合，利用数字化技术的生成，创造具有生命体特征的表皮形态，已经成为一种新的表皮形态设计趋势。

2.2.2.1　形式仿生的表皮

自然界中的生命体是形态最复杂、变化最丰富的形式。形态仿生的浅层意义是指表皮对自然界中的生命体形态、表面纹理等进行模仿，从而塑造出更多新颖、灵活、复杂的建筑形态；从深层次来讲，是对建筑设计的造型观念的仿生，以此削弱人工与自然环境的分界，弱化建筑与环境的冲突。人们利用先进的计算机模拟技术，通过缠绕、叠合、扭曲等，创造出关乎生命的迹象。

研究自然形式的先驱对生命原型的挖掘深刻地影响了建筑表皮对自然形态的模拟。生物学家和动物学家恩斯特·海克尔（Ernst Haeckel）研究放射虫，并被它们精美的几何形式所吸引，绘制了大量令人惊奇的自然界生命体形态，随后便在各种装饰器皿中得以展现。科技的进步使人们进一步看到了微观世界，那些关于生命的分子结构、生命有机体的细胞结构，都深深吸引着建筑师们，通过对它们的模仿，塑造出类似生命体的有机形态。

图2-33　Son-O-House表皮形态[55]

由NOX事务所设计的Son-O-House是一个兼有建筑与艺术的复合体。NOX利用计算机模拟曲率变化的纸条生成建筑的表皮形态。表皮实际采用不锈钢骨架和利于弯曲变形的钢丝网建造，建筑呈现出一种软体动物的柔性形态。不仅如此，建筑师还在其内部设计了多媒体声控装置，动态的模仿生命体的内部声效，它会随着参观者参观路线的改变而调整，最终将身体在空间的行为转化成一条对应的音频轨迹保留下来（图2-33）。

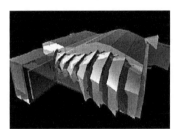

图2-34　韩国长老教会教堂："进化界面"[56]

由格雷戈·林恩设计的韩国长老教会教堂（图2-34）（美国，1995~1999）加建部分，是仿生观念作用于建筑界面形态的直接产物。建筑师利用数码模拟技术，用变化的钢材模拟"进化"的界面形态，这种波纹型的金属板创造出一种遵循既有逻辑，又不断向前曲折发展的生命体进化过程。这种模仿是一种抽象的模仿，形态的生成来自于物体进化的逻辑。

2.2.2.2　结构仿生的表皮

当代社会要求建筑表皮能够对气候环境的变化作出反应，在最低限度消耗能源的情况下，达到既定的室内舒适度。这使得建筑表皮肩负了新的目标和任务。就像人的皮肤和树叶的表皮，远不止是一种视觉表象，而实际上具有逐级深入的分形特点和基于这种机制的自我调节的功能。"有机结构式"（Organic Structure）是表皮结构仿生常常采用的有机形态。自然界中广泛存在着集群簇化的有机结构，它们多建立在较小的一个或几个基本单元上，这些单元根据生长演变的规律而形成，单元数目越多其结构越坚固，多个基本单元通过群化或者簇化形成一个有机的整体。借助于数学方式，这些表面看似简单，却有着类似于细胞、晶体这些自然界有机体的复杂的内部结构；它们既是视觉性的又是物理性的。

结构仿生所产生的表皮既具有自然的生命机能，同时构成了自然结构所生成的表皮肌理。2008年北京奥运会游泳中心的表皮是一个"无限等体积气泡"结构（图2-35）。这种模型在自然界中普遍存在，如细胞组织单元的基本排列形式、水晶的矿物结构和肥皂沫的构造等。水在泡沫状态下的微观分子结构经过数学理论的推演，被放大为建筑体的有机空间网架结构。特里斯特拉姆·卡弗雷（Tristram Carfrae）是"水立方"的设计工程师之一，他借助计算机技术和3D模型，构成了这个类似有机细胞形式的三维空间图案。这个图案形成了整个建筑空间的骨骼，它既是结构性的也是装饰性的。类似细胞胀压原理的ETFE气枕单元和泡沫空间网架结构分为外层气枕、空气夹层和内层气枕，同时满足了场馆的保温隔热、自然采光和通风等多种功能要求。表皮具有了呼

图2-35　水立方[56]

吸、调节、支撑的功能，表皮肌理使建筑形态更加生动立体。尽管建筑外观和组织结构较为复杂，但这种结构实际上建立在高度重复的建构基础上，设计中采用"四方连续"的重复方式进一步增加结构体的标准化程度，使得国家游泳中心的空间结构体系建造起来并不困难。

仿生结构的表皮是多以多级优化为目标，达到综合优化的效果。自然界中没有一个基于单一标准形成的结构形式，总有三个或更多的彼此竞争的标准在创造着这样有张力的现实世界中的结构。戴特莱弗·莫廷斯（Detlef Mertins）在2004年发起了名为"生物结构主义"的建筑运动，这项运动使生物学理论对建筑的复杂性有了更深的解释。因此，仿生结构的表皮体系多是层级递进、层级分形的组织形态，通过选择递归使结构信息在各个连接组件中进行交换（图2-36）。

生态结构的表皮建构是以其效能为基础的建构方式。效能意味着材料组装后其工作的方式。蜻蜓、蝴蝶的翅膀给了我们很深的启示，它们的多孔性使其非常轻质，而其翼表颜色的差异也是源于不同深度毛孔的微观形式对光线波长的调整（图2-37）。涌现组将树叶或骨架中看到的弯曲、脉状排列以及平行折叠等特殊形态，应用于表面，探索数学和科学领域的材料结构设计。他们的实验性探索项目：新西伯利亚馆是基于一个不完整的双曲线薄壳形态。网格稳定壳体的优雅形态是一种受控于自身曲度的功能结构，它们的图案形态在减轻重量的同时可以增加强度。薄壳的曲率增加了结构的稳定性，同时，自由结构褶皱样式创造了整体的活力。通过这个案例，我们可以深刻体会到涌现组通过结构与装饰要素融合去模拟生物体的表面，同时带来建筑审美和结构效能双重的影响。数字技术的应用不仅展示和检验了创作思维，还从真正意义上产生新颖和完善的建筑形态与结构形式（图2-38）。

2.2.2.3　机能仿生的表皮

随着对自然界认识的深化以及技术手段的提高，当代建筑设计对大自然的借鉴没有停留在对结构与外形的模仿，而是正在尝试在更深层次上对生物功能和行为进行模拟。生物对于环境的适应性进化产生许多独特的器官和组织，这对建筑具有非常大的启发。

生物体的柔软、可变的机能以及对环境的适应与反馈是建筑

a）王莲

b）格拉克渔业市场的结构性表皮

图2-36　建筑表皮的结构仿生[48]

a）蝴蝶翅膀结构

b）捷克国家图书馆

图2-37　建筑表皮的结构仿生[48]

表皮所无法企及的。Lwamoto Scott设计的水母楼探讨了居住形态的表皮变化对环境的适应性。水母是一种形态奇特的浮游生物，它形状松弛、摇曳、无定型，而物质组成则是黏软、液态、无脊椎的；身体的98%是水，仿佛与海融为一体。这种非实体性的可变形态非常易于适应海洋环境。水母在海中游动时，还能发出蓝色的光。水母住宅模仿这种海洋生物的适应机能，是一个分层皮肤，随时调节外部与内部的环境。建筑外形柔软可变，表面结合材料与数字技术达到与环境的互动。建筑的外墙和屋顶结合的皮肤实际上是一个复杂的"水过滤系统"，并经营着整个房子的结构本体。表皮接收、存储和过滤雨水，通过紫外线灯丝表面上的薄膜供电净化水源以供家庭使用。在过滤的时候，房子轻轻发出蓝色可变光线。作为一个可以发光的水母，水母楼就像一个轻轻摇曳着的结构，其表皮闪耀着蓝色的水样光芒。建筑师通过数字技术，对环境因素进行大量的分析，从而生成与环境共生的建筑体（图2-39）。

　　当代建筑的互动性研究也是基于建筑是一个有生命的有机体的观念。对建筑进行生物性的模拟，通过建筑与人之间的相互关系的研究，使建筑能够对人的行为做出相应的反馈，形成一种仿佛生命体之间的信息交流。荷兰NOX设计小组一直致力于这种建

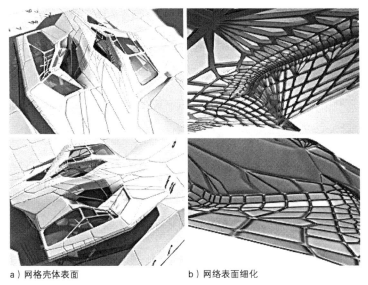

a）网格壳体表面　　　　　　　　　b）网络表面细化

图2-38　建筑表皮的结构仿生[48]

筑的"互动性（interraction）"研究，强调建筑中的运动。各种
生物学、神经学的反射机能在建筑当中的应用，都是他们所热衷
的。他们将数字技术的电子控件和感应元件以及视频设备等应用
于包括表皮在内的建筑材料，实现表皮与环境的互动。在设计的
过程中，建筑师将各种要素量化后输入计算机中，从而根据数据
建立概念图表和行为模式，在这个反复比对、反复试验的过程
中，建筑表皮与空间形态互相转译。这个设计过程主要有三个阶
段：首先，根据大量的数据创建一个系统。其次，让这个系统与
建筑各个元素发生动态关联。最后，根据系统生成建筑形态。此
种方法，模糊了建筑的地面、墙面、顶面的界限，创造出具有生
命特征和高技术含量的建筑表皮形式[50]（图2-40）。

　　用生态完善形态已经逐渐成为一种新型的建筑创作模式。建
筑形态的构思力求能够反应生态的内在要求，生态用形态表达，
形态因生态增辉。生态建筑表皮理性的形态软化，给表皮设计带
来契机。在采用生态原则后，实现表皮环境适应性的技术可能并
不深奥复杂和难以达到。这表明生态的建筑表皮设计更主要是体
现在设计观念的更新上。当我们面对因关注节能而受到普遍重视
的建筑表皮时，还要深入地去发掘其中的生态意义，这样才能真
正地迈向可持续发展之路。当代建筑生态化不是一种"主义"，

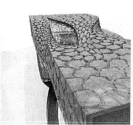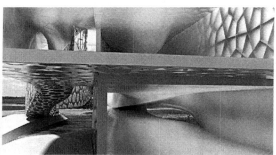

a）水母   b）水母楼表皮

图2-39   水母楼内部空间[57]

也不是一种"风格"，而是作为一种可持续的价值取向，在建筑美学模式与技术整合下不断成熟。

2.2.3   表皮信息重构环境形态

当代建筑表皮对待环境作用因素与传统建筑的方式是不同的。传统建筑与环境的交接关系是清晰的，建筑与周围环境可以很容易地区分开来，而当代建筑则可以使建筑表皮成为地表的一部分，从而将建筑与环境结合为一个整体，从而形成新的地理场域。这种建筑的内外空间边界是模糊的、是与环境互动的。因此，可以说这类建筑表皮的设计是环境的衍生、是地形的重构。

2.2.3.1   契入地形的表皮隐匿

为了最大限度地减少建筑与人的活动对生态秩序的消极影响，一些建筑将其大部分的体量以自然的手段加以隐藏，这样的建筑对于地形以及景观连续性无疑是非常有效的。当然，人们并不倾向于完全掩盖或抹去建筑存在的痕迹，而是在一定程度上强化"契入"的效果。这类建筑的表皮多隐匿于土、木、石等天然材料下，成为地面绿化系统和步行系统的延续，成为与自然环境有密切相关的建筑艺术。这样，一方面使建筑表皮成为一种虚拟的自然景观，一方面使建筑更接近于自然状态，减少人工环境与自然环境生硬转换带给人们的心理负担。更重要的是，隐藏于自然景观中的建筑，通过表皮的蒸腾作用能够非常有效地减少建筑的热负荷，改善建筑的微气候，创造良好的室内物理环境。另外，这些绿地系统的水源涵养，还能够减少城市暴雨径流，从而减少城市基础设施的投资。人工绿视率的增加和适当的参与活动，加强了人们的生态意识。

a）表皮外观

b）建筑室内

图2-40   水展馆[58]

麦肯诺建筑事务所（Mecanoo）设计的荷兰代尔夫特理工大学图书馆隐藏于一片葱绿的草坡之下，只有中央大厅用于采光的尖锥体矗立在草坡之上，凸显它在建筑中的重要地位（图2-41）。该图书馆的巨大草坡屋顶具有多重生态效应，是地形和环境的产物。建筑的植被外皮由地面层倾斜上升，创造出一个理想的休息与进行日光浴的公共空间，建筑与周围景观相互融合。由于建筑以地下水作为室内气候控制的能量源，因此屋面上无须安装相关的技术设备。混凝土屋顶板的蓄热体和植被层的雨水蒸发器用于制冷。图书馆的巨大草坡屋顶不仅实现了建筑的生态效应，而且将整幢建筑都隐匿在环境当中，最大限度地达到了建筑对环境的尊重，使建筑与环境共生共荣、相得益彰。

图2-41　代尔夫特理工大学图书馆[31]

"波本豆"网球场的连续表面被生长在人造土壤上的植物所覆盖（图2-42）。人造土壤由日本雪松和柏树的树皮混合而成。这一层植物表面为活动场地提供了必要的保温隔热作用。建筑南面直到20m高处均有植物覆盖。整个建筑仿佛处在一个自然的屏障之中。在炎炎盛夏，当室外温度达到40°时，室内温度大约为30°左右，展示了人类与自然共存的设计理念。

由于生态思想的影响，越来越多的建筑师能够在设计中将建筑与环境同等考虑。为了对自然生态系统不造成威胁，弱化自身体量，有的建筑水平舒展，匍匐在大地之上，低姿态地将自己作为景观的背景，同时与自然建立和谐关系；有的建筑则是作为自然的构成要素存在，恰当地嵌入城市缝隙或自然肌理当中，使建筑形成了与环境穿插的融入关系。与环境协调已经成为建筑表皮设计的重要切入点。

2.2.3.2　重构地表的表皮褶皱

"重构地表"是指建筑的顶面形态成为地表层水平向度的延伸，与地表一起形成建筑的有机表皮。这种重构地表的表皮形态大多具有整体、起伏、连续等特征。建筑的顶面与地面的界限被有意识地模糊，表皮整体的连续带来空间的流动与自然转换，也就成为建筑形态的主题。将地面变成形象，从自然地貌中寻求建筑空间的新形态，这就往往需要将来自于大地原有形态的控制基准引入建筑表皮形态的系统中，打破从二维平面出发而形成的屈从于笛卡儿网格体系的三维空间形态。这个表面既是断裂的又是连续的，基地的表面被系统化的施加变形，成为一个积极的场

图2-42 "波本豆"网球场[59]

域，通过错综复杂的信息联系来界定。场域中既有实体形态要素，又有潜在的暗流和作用线。建筑消解形体的共识与景观融为一体。建筑不再居于绝对统治地位，而是和景观诸要素互相制约和关联，存在着复杂的互动。

在地景建筑设计中，折叠的褶皱再次成为操作的关键。连续的界面根据自身在空间中的意义逐渐展开，形成室内与室外空间的连续以及建筑不同楼层间的连续。在这种折叠思想的指导下，建筑表皮同时具有结构和材料的双重属性，屋顶、墙体和楼板被混合在一起，组成了连续循环的表皮结构。可见，隐藏在褶皱的表皮形态之下的，是折叠的思想，以及实现"差异且连续"的整合策略。因此，褶皱的表皮更加关注的是人在环境中运动的体验，建筑已不再是视觉焦点。

由FOA设计的日本横滨客运站码头是地表化操作的代表作品。建筑师将建筑形态对大地形态的重构发展到了一个相当复杂的程度。不同标高上的地面互为顶-底，并通过扭曲、褶皱和升降形成一个连续的表皮。建筑与环境通过表皮的折叠融合在一起，不但形成了通往建筑的通道，而且创造了特殊的地域景观。表皮的连续除了与起伏的地表呼应以外，还被用来表达一种运动性。界面与空间的连续、空间与空间的交错，使建筑不再像以前那样自我封闭，而是成为更大范围的景观系统的一个片段。此外，材料在这个项目中扮演着重要的角色。建筑屋顶由折叠的钢板构成，材料协助表皮系统完成了自我支撑，同时形成了材料自身的逻辑。材料体系的存在完全是为了表皮系统而服务的，材料的横向肌理强化了水平表皮而弱化了不得不存在的垂直围合。在FOA的设计中，并不是仅仅完成对地域景观的塑造，而是力图在建设码头的同时改变线性的功能结构关系，消解港口交通的程式化模型。在这个起伏的巨构建筑的设计过程和结果中，FOA使用了多达数十个的自相似的渐变剖面来表达这一建筑，如果把这些剖面像电影胶片一样顺序排好，快速翻动，就得到模拟越过地形的运动。这座建筑的成功不仅阐释了地景建筑的重要意义，而且拓展了人们对环境的认识，建筑源于自然，却又不是完全模拟自然，而是以人工的方式与自然融合，从自然地貌中寻求建筑空间的新理念（图2-43）。

事实上，地景建筑的尺度、水平特性和地形特征已经削弱了建筑作为被注视对象的特征。建筑将自然环境与人工环境的分别、内部活动与外部活动的差异通过连续的水平延展而模糊化。表皮在垂直方向的界面已经被水平方向的褶皱所替代，建筑由视觉体验向场域体验转化。

建筑界面不再是简单的内与外的分隔。当代建筑中所呈现的各种非线性的界面形态更受到复杂性科学观的影响，以更加宏大的视野扩充着建筑表皮形态的内涵。我们不能仅仅看到界面形态与环境的和谐，而更应将建筑、自然环境与人之间的能量交换以及信息交互过程纳入其中，演绎出更加深刻的潜在关联。由此我们可以看出，当代科学观已经使当代建筑的表皮形态呈现出不同的特征；从某种程度上说，甚至构筑了一个全新的表皮观念。

2.3 塑造特质空间的需求

空间与表皮是相互依存的一对概念，任何空间与外部的交流都是通过表皮或表皮上的洞口而实现的。表皮形态决定空间形态，空间形态通过表皮形态得以体现。两者是相辅相成的。建筑空间的产生依赖于产生空间的界定元素，界面与空间的关系表现在两个方面：一方面，界面限定空间，形成建筑体量。人对于建筑整体形象的把握是通过界面形态来完成的。另一方面，人对空间的体验是借助于对界面的体验来实现的。建筑师对于空间意境的创造常常是依赖于对界面形态的控制。界面作为空间的外界形式，必将与空间

a）建筑外观

b）建筑入口

c）建筑室内

图2-43 日本横滨码头

的属性发生联系。因此，表皮信息必然与空间信息相互关联，空间的特质信息必然由表皮的特质信息参与完成。

在空间的数学化和生成化过程中，与传统空间构成方法相比，针对表面的数学操作手段大大增加，因此出现了大量由表面形成的空间。建筑表皮不再是空间和功能的附属物，而以一种更积极的姿态直接参与空间生成，甚至成为建筑空间的主导。包裹性空间、起伏性空间、流动性空间等，都是由表面操作而得到的建筑空间形态。这些方法定义建筑表皮的同时也对空间特征进行了定义。

2.3.1　表皮信息塑造共享性空间

当代建筑功能组成的复杂与高度联系，要求多种功能单元密集化整合，共同构成一个建筑复合体。建筑师以外加一层覆盖层的方式统一多个体量。在此，建筑的外表皮起到了超出形式的多元的作用。这种方式，不仅可以整合内部复杂的功能空间形态，还能够创造大量舒适的共享空间。表皮形态直接影响到共享空间的形态特征，表皮材料影响到空间氛围，表皮信息成为塑造共享性空间的特质信息。

2.3.1.1　包裹性表皮

"包裹"是将一种视觉的亚结构（表皮），包容一个受力主体的现象。早在20世纪60年代，建筑师富勒曾设想用穹窿覆盖整个城市，从而全面控制环境，使不利地形亦具有经济利用的可能。虽然这是一种理想化的城市设计理念，但在当代大型建筑当中已经实现（图2-44）。

（1）**完全包裹**　在结构关系上，完全包裹的建筑表皮具有独立的结构体系，与主结构并置，荷载独立传导；在空间关系上，主、次结构实现完全意义上的分离，并形成连通的、较大的过渡空间或共享空间。空间包裹的方式使建筑的屋顶、墙体，甚至地面连成一个整体，没有形式上的区分。表皮层像罩子一样，

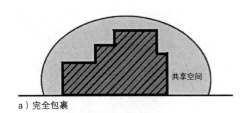

a）完全包裹

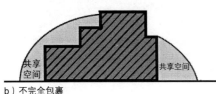

b）不完全包裹

图2-44　包裹性表皮示意图

将内部结构体全部囊括在内，内部形式的灵活多变在外部表皮中得到完美的统一。表皮对空间的"完全包裹"将表皮的材料和构造特点融入空间之中，建筑空间与表皮空间互相渗透，互相影响（图2-44a）。

结构的意义：这类建筑具有多级结构体系。一般地，主体系具有完整的功能和结构，是满足建筑使用需要的基本结构体量；次体系为表皮体系，具有独立或半独立的结构系统，多为轻质、大跨度空间结构。主次结构之间形成空间意义的分离，表皮获得了绝对的自由，具有完全意义上的独立。表皮形态可以不反应主结构形态，表现为在建筑的功能体量上附加了一层形态可控的"皮"。当表皮材料多为不透明（但可具有透光性）的结构性材料（如铝、钛、膜等），表皮体系独立构成建筑的视觉元素，内部形式的复杂在外部表皮中得到统一。这些通常被单一表皮包裹的简单形体更容易激起人们的想象。

环境的意义：空间包裹使表皮具有了完全意义上的自由，柔化建筑与环境的界面是这类建筑对待环境的共性。表皮可以采用多种形态与环境呼应：自由曲线的应用，软化建筑的界面，减小建筑在环境中的突兀感；轻盈、通透材料的应用，反射着周围的环境，将建筑消解在环境当中；内外层空间的对比与呼应，使建筑既有视觉感染力，又与环境保持着谦逊的态度。

由法国建筑师保罗·安德鲁（Paul Andreu）设计的中国国家大剧院（中国，2007）是一个典型的空间包裹的表皮实例。建筑的外表皮是一个1/2的蛋壳，建筑外形表现了感染力很强的几何形态，表现了强烈的时代感。壳体由灰色的钛金属板和玻璃组成，虚化建筑界面，形成对环境谦让的态度。玻璃幕墙如同拉开的帷幕，使建筑物内部的剧场、通道和展厅依稀可见。同时，部分区域在钛板的覆盖保护下又显得更为隐秘。这种处理方式使建筑内外空间得到互动，向外界传达发生与待发生的事件。建筑内部容纳了三个主要的功能体：歌剧院、音乐厅和剧场。它们由道路区分开，

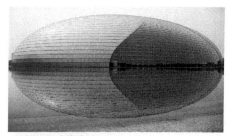
a）表皮完全包裹建筑

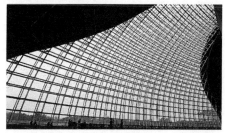
b）入口大厅

c）共享空间

图2-45　国家大剧院[60]

彼此以悬空走道相连。这个巨型壳体，覆盖、庇护、包围和照亮着所有的大厅和通道。壳体的最大长度达218m，但厚度却不超过3mm。整体的建筑造型谦虚地处在长安街这个重要且复杂的环境中。单一的几何形式既形成完整的建筑体量，创造了国家大剧院的宏伟气势，又在环境中与其他建筑和谐共存，形成了新颖的视觉文化符号（图2-45）。

由福斯特事务所设计的英国圣盖茨黑德音乐中心（Sage Gateshead）（英国，2001）已经成为泰恩河边的新地标。建筑以贝壳形的一体化表皮将复杂的内部功能覆盖起来形成单一的体量。建筑表皮材料采用拉丝不锈钢板及玻璃，临河的一面又镶嵌了几何形状的透明玻璃，远看仿佛是河对岸建筑的反射，并将建筑本身与环境非常巧妙地结合起来。薄壳结构由4个跨度为80m的钢拱支撑，720t的钢网架承载着3000块不锈钢板和280块玻璃面板。经过设计的改进，通过使用专业的参数化建模软件，将复杂的曲面形状转化成允许重复的标准化的几何单元，所有的不锈钢和玻璃幕墙单元都是平的，而且使表面积降到最少，降低了造价。在这个曲面之下，是三个体量独立的音乐厅，每个音乐厅都有其区别于另外两个体量的独特形状。音乐厅之间通过不同层面的连廊连接。内外表皮之间形成的负空间，提供给来这儿的游客巨大的共享空间，空间形态灵活丰富，宜人舒适。薄壳在面向城市一面形成了开敞的态势，使包裹下的空间与自然环境有了更多的交流，并暗示了表皮之下建筑体量实际的尺度。主次结构体共同形成视觉元，向外伸出的外表皮为任意展示构件美的滞留空间，表现了表皮张力的作用，局部空间具有了趣味性。这一切都使现代化的造型与千年古城融洽相处（图2-46）。

在数字技术环境下，自主的表皮形态不断突破正交体系和以欧几里得几何为主导的建筑形式语言，融入流体力学、空气动力学、热力学等物理学原理，借助计算机将越来越多的数学曲面纳入建筑空间的探讨之中。空间以数学函数的循环运算或迭代来追求曲线形态产生的过程，表皮最终成为物理学运算的结果。诺曼·福斯特设计的伦敦市政厅，使用面积约17000 m^2，表皮内部功能复杂繁多。建筑造型是一个曲面变形体量。曲面的变化并非随意而来，而是通过大量的运算和验证，以此来减小阳光直射和增大空气流动。通过对全年的阳光照射规律的分析，得出建筑表面的热量分布图，从而确定建筑的外表面形式，以达到用最小面积的建筑表皮促进能源效率最大化的目的（图2-47）。

（2）不完全包裹　实际建筑设计当中，还存在很多表皮非完全覆盖空间的例子。这类建筑表皮具有半独立的结构体系，与主体结构直接相连，表皮荷载部分传导到主结构，部分独立传导。表皮部分覆盖在主体结构之上，具有相对独立的表皮形态。表皮与主结构间形成较大的共享空间，但不同于完全包裹的情况，这个共享空间在整体上是不连通的（图2-44b）。

　　由建筑师理查德·霍顿（Richard Horden）设计的英国斯温顿移动通信有限公司。这个建筑具有双面形态：在南侧，它是一个类似密斯式的盒子，采用混凝土结构，拘谨且规整；然而，在北侧，突然出现了一个长长的、弯曲的玻璃泡。玻璃泡的起点正是建筑西侧一条弯曲的人工湖的起点，玻璃曲面流畅的形态也正是吸收了这个元素。从外部看，建筑生动的特征使它在当地赢得了"玻璃飞艇"的称号；不仅如此，人们也惊讶于建筑内部活动的空气质量。如此多的不确定的自然光依靠大气透光的方式进入室内；在那儿，职工们可以享受到专为他们设计的座椅，享受休闲的时光。这个奇特的玻璃泡，为单调的工作环境创造了特殊的空间感受（图2-48）。

2.3.1.2　围合性表皮

　　利用半透明材料将整个建筑围合起来的方式。建筑有多级结构体系组成，一般的，表皮具有半独立的结构体系，部分与主体结构相连；内外表皮之间的空间成为设计的重点。在一些改建、历史建筑保护的工

a）表皮完全包裹建筑

b）入口大厅

c）共享空间

图2-46　圣盖茨黑德音乐中心[61]

a）表皮完全覆盖空间　　　　　　　b）内部空间　　　　　　　　　　c）回旋楼梯

图2-47　伦敦市政厅[21]

程中，这种方法比较常见，在原建筑中附加独立的表皮体系，起到保护、翻新等作用，形成不同属性的多层表皮。被围合的空间具有多重意义。

生态的意义：可以利用太阳能提高外表皮内部建筑周围环境的温度，而传导和通风的热量散失减少了，形成了一个具有多种功能的区域；它内部的温度为中间温度，空气可以在外表皮内部毫无阻碍地循环流通；这种内部空气的循环能提高缺少日照且相对于外部温度较低的区域的温度。

环境的意义：这种方式也是对城市公共空间形式的反思；这个空间可以作为入户的缓冲空间，可以作为连接空间串联建筑所有的内部功能；两层界面之间光线、通风、尺度等因素，为人们在其间的停留提供了不同的空间感受与环境氛围；这种介于内外空间的灰空间特质也代表着一种新的建筑表皮设计趋势。

视觉的意义：围合型的表皮多采用透明材质。表皮结构与主结构共同构成具有层次的视觉体，形成了具有空间感的视觉效果。主次结构的叠加和内部空间尺度，都成为建筑表现的重点。通过这种方式，也表现出了当代建筑中所具有的某种复杂性特征。外表皮所制造的视觉上的阻隔，暗示了观者与对象之间由距离所引发的张力。建筑内部依稀可辨，却又随着天气、光线以及人的观察视角的变换而呈现出不同的面貌（图2-49）。

a）表皮不完全包裹建筑

b）共享空间

图2-48　英国斯温顿移动通信有限公司[62]

由墨菲·扬设计的Merck Serono总部在建筑转折处用玻璃围合

出一个大型的中庭。它不仅是空间规划上的重要元素，对使用者的健康和企业的高效运转提供支持，而且是重要的生态元素。中庭覆以目前世界上最大的可开启玻璃顶。在冬季，玻璃顶关闭，中庭内的空气在温室效应的作用下被加热，再被作为新风风源引入办公空间。在夏季，玻璃顶如一个巨大的羽翼一样向上打开，引导气流进入建筑内部，辅以自然通风。中庭空间被利用来辅助调节相邻的办公空间的气候，并降低了能耗（图2-50）。

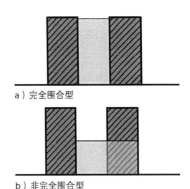

a）完全围合型

b）非完全围合型

图2-49 围合型表皮示意图

由BRT建筑事务所（Bothe Richter Teherani）设计的汉堡双X形大厦（德国，汉堡，1999）是一个办公建筑，提供了新型的办公室和工作空间。建筑四周的环境清新且极具个性。为了将环境最大化地引入建筑当中，建筑设计以"屋中屋"为理念基础。建筑主体采用双X形，外面由一层玻璃外墙包围。表皮具有半独立的结构体系，临近建筑主体时，与主结构部分直接相连；在中庭处，表皮结构独立。仿佛是用玻璃幕墙将两幢单体建筑围合了起来，两个建筑主体之间成为巨大的共享空间，介于外部空间与内部空间之间。不仅给办公的人提供了各种各样室内交流活动的场所；更重要的是，这些空间成为气候缓冲器，由于阳光的获取以及临近建筑立面的热量传递，扩大了空间使用的选择，带来巨大的生态效果（图2-51）。

相似的还有Stadttor 发展中心。巨大的中庭既承担着空间交流的作用，又承担着生态调节的作用（图2-52）。还有一些建筑为了创造出"建筑中的建筑"的设计理念，利用玻璃幕墙完全将里面的建筑围合起来，外表皮自成独立体系，利用形态的差异和两层表皮视觉效果的差异，引入空间元素，形成层次丰富的视觉效果（图2-53）。

2.3.2 表皮信息塑造起伏性空间

复杂曲面形成的空间颠覆了欧几里得几何学的传统空间体验和感知，表皮的起伏性信息带来了空间的起伏性。复杂曲面的设计正是根据动力学、空间流动等因素，经过大量的理性计算而得到的具有不可预知性的界面。因此，承载这样信息的表皮，必然带来动态的空间感受。

非线性科学认为：复杂系统之所以称其为复杂是因为系统本身由诸多因素组成，并且这些因素间处于非线性相互作用的状态。

图2-50   Merck Serono总部大厦[63]

图2-51   汉堡双X形办公楼[43]

图2-52   Stadttor 发展中心[44]

从建筑学的角度来看，非线性科学和设计有更紧密直接的联系。复杂性科学的非线性与当代建筑形式的非线性的直接联系破除了传统科学研究所依赖的线性数学模式，是一种真正立足于理性分析基础上的感性形式，意味着大多数自然物体背后都存在着某种秩序。

2.3.2.1　飘浮性表皮

飘浮型曲面的特点是悬浮于多个建筑体量集合的建筑组群之上，通过一定的曲面逻辑来构筑具有一定空间秩序的建筑体量，并形成空间的领域感和形态的整体感。这种曲面状的篷顶型建筑下部交融着室内空间和室外空间。室内空间多为跨度较大的空间，空间感受随着曲面的起伏而变化，在封闭的空间内具有空气的挤压和流动的感受；室外空间由于顶棚的存在而创造了微气候环境，结构的落影投射下来，形成了亦内亦外的空间感受。曲面平缓柔和，自身即具有空间结构性，曲面的起伏逻辑来自于环境的作用，所覆盖的空间具有既定的空间秩序。

图2-53　德国柏林基督民主联盟党[45]

（1）合理高效的空间结构　当代非线性科学的发展，建立起一种非线性的结构模式，力的作用是多样复杂的，力的传播路径是非直线的，其穿越空间的轨迹取决于力的空间条件，在不同的条件下可以有多种穿越路径。弗雷·奥托（Frei Otto）从1950年代开始对索膜建筑进行研究，逐渐有了一个形式和结构的整体认识。他的研究更注重从自然而非纯技术的角度展开。高度完善的技术能够更好地认知自然中的非技术构成，并将其运用到建筑中去。他大量地分析自然界生物的生成过程，了解自然的高效和理性，并发展出一系列的实验模型和方法。运用于建筑中的轻质承重体系——索膜式、壳式、索网式及充气膜式等结构正是奥托对自然新的理解和研究的结果。在奥托的索膜建筑中，建筑形式不能脱离结构形式而独立存在，空间形式与表皮形式已经构成了无法分割的紧密关系。

慕尼黑奥林匹克游泳馆（图2-54）（德国，1997）是为1972年慕尼黑奥运会修建的场馆之一。25年之后，游泳馆张拉结构吊顶的承载力下降，于是用两年的时间替换掉8万m²的屋顶。游泳馆空间尺度较大，需要良好的采光效果，设计者希望内部空间不仅是宽敞明亮的，还是起伏变化的。翻新的屋顶采用隔热悬挂式膜结构顶棚。网的拉力加强，覆盖跨度可以更大，内部空间的变化也

a）建筑鸟瞰

b）体育馆室内的起伏性空间

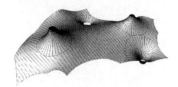

c）表皮膜结构示意图

d）表皮细部构造

图2-54　慕尼黑奥林匹克体育馆[64]

更加灵活。建筑师密切注意吊顶各个区域不同的曲率，在端点曲线是放射状的，在两点之间较为平坦的区域，曲线则是相互平行并与泳池长边的方向垂直。由于没有一个材料能够满足防潮、半透明、耐温度波动、灵活柔韧等特点，并且能够上人，因此采用了多层材料复合的表皮策略。承重的膜材为PVC聚酯纤维，这种材料不易褪色，具有良好的弹性，随意的折叠弯曲满足了空间造型的需要。2007年，翻新后的游泳馆正式对外开放，连续壮观的外部形态，获得了与环境和建筑功能的极好呼应；内部空间起伏律动，具有强烈的动态感受；建筑表皮明亮透光，主体结构的索网会在膜结构上投下阴影，透明的楣框也使看似飘浮的屋顶显得更加通透。这个建筑在结构技术和美学发展方面都起到了积极的意义。

（2）环境作用力形成的曲线逻辑　弯曲或扭曲的柔性形态是某种密集分布的曲线逻辑所致。这种曲线逻辑寻求将各种文化外力和环境外力转化成建筑形态的组成部分，从而形成某种柔性形态。建筑的柔性形态体现了各种不同的外力，这些外力来自于环境。渐近线事务所（Asymptote Architecture）设计的亚斯酒店（阿布扎比，阿联酋，2009）的外表皮是一个起伏变化的、形态复杂的空间网架结构（图2-55）。宽217m的网架由钢结构和5800块旋转的菱形玻璃面板构成。这个网架使建筑仿佛蒙上了一层神奇的面纱，网壳内部包括两个酒店和一个钢壳结构的连接体以及建设的一级方程式赛道。网壳为建筑内部营造了小气候环境的同时，形成了完整的视觉效果。菱形的玻璃面板聚合在一起，产生复杂的光学效果，与周围的天空、大海和沙漠景观发生光谱反射，使建筑与环境以一种特殊的方式融合在一起。这个建筑既是一个通过整体架构与环境呼应的实例，又称得上是一个建筑的奇观，以及亚斯岛上以F1赛事为背景的、里程碑式的重大事件。

（3）复杂曲面形成的空间秩序　飘浮型曲面可以覆盖较大面积的空间范围，被覆盖的空间具有一定的场所领域感。通过对曲面的轴向控制，可以使曲面下的空间具有方向性，从而形成有秩序的空间序列。马希米亚诺·福克萨斯（Massimiliano Fuksas）设计的意大利米兰新国际展览中心（意大利，2005）也使用了曲面构造。展览中心的设计采用了纵向轴线作为主要的控制点，构成整个建筑复合体的主脊。整个空间上延伸着一个巨大的屋顶覆

面——如帷幕般波浪状的轻盈结构。自然地曲面跌宕起伏，变化
多端。帷幕长1300m，宽约32m，表面积超过46000m²，由近4000
块菱形玻璃组成。非欧几何曲面造型包括漩涡、波浪、凹陷等，
形式来源于米兰的自然图景。帷幕为预制的长菱形金属网架结
构，通过球形节点相互连接。这个轴向空间同时容纳了活动、信
息及交流三重场所意义（图2-56）。

2.3.2.2　自由性表皮

如果说飘浮型曲面建筑是通过几何形态来表达对传统建筑观
念的改变，那么盖里（Frank Gehry）的自由界面形态表达则完全
是通过主观意象创造出来的。

a）建筑表皮覆盖建筑主体

b）表皮下的起伏性空间

c）建筑表皮特殊的光学效果

图2-55　亚斯酒店[65]

a）建筑表皮

b）表皮下空间

c）内部空间

图2-56　米兰新国际展览中心[66]

建筑的空间是灵动的，应该让置身其中的人们感到他们所处空间的巨大魅力和情趣。这不仅是人们对空间体验的需要，也是建筑创新的需要。人对空间的感知来自于界面实体，有魅力的场所空间需要灵活自由的表皮形态来塑造。以空间生成灵活的界面、以自由曲面创造起伏的空间感受，这是当代复杂建筑形态设计的关键。

弗兰克·盖里（Frank Gehry）的建筑以复杂多变的柔性自由曲面特点而著称于世。它的设计呈现出一种即时即兴的创作感和一种基于直觉的本能性。"我希望建筑有一种内在的激情，并且使人们产生某种感觉——即他们在建筑内部产生近乎疯狂的感受。"盖里的这番话表明他的建筑空间创作目标就是赋予空间激情与活力。从他的设计中，可以清楚地看到界面对空间的表现。

1991年开始设计的毕尔巴鄂古根海姆博物馆被称为弗兰克·盖里"晚年的变法"。建筑选址在旧城区边缘、内维隆河南岸的艺术区域。在这样一个门户之地，盖里给出了一个令人震惊的答案。其形式与人类建筑的既往实践均无关涉，超离任何业已习惯的建筑经验。线条下张扬的是一种流动感，所要传达的并非是建筑的体量，而是变化的方向感和空间联系。传统的几何分析方法和描述手段显然已经不能胜任。整幢建筑的外界面由一群不规则的双曲面组合而成，外覆钛合金板，与该市长久以来的造船业遥相呼应。盖里将建筑表皮处理成向各个方向弯曲的双曲面，这样，随着日光入射角的变化，建筑的各个表面都会产生不断变动的光影效果。博物馆的空间设计极为精彩，打破简单几何秩序，曲面层叠起伏、奔涌向上，光影倾泻而下，令人应接不暇。入口处的中庭被盖里称为"将帽子扔向高空的一声欢呼"。在盖

a）建筑外观

b）入口及门厅

图2-57　毕尔巴鄂古根海姆博物馆[23]

里的指挥棒下，他将已经凝固了数千年的音乐奏出了令人瞠目结舌的声响（图2-57）。

　　同样由盖里设计的西雅图音乐体验中心（美国，2000）是为了纪念美国摇滚音乐的创始人占米·亨德里克而建，而这也成为近乎疯狂的建筑形态的出发点。盖里用彩色玻璃、铝合金和不锈钢塑造了几乎找不到一根直线的波浪起伏的空间。复杂曲面形成的空间彻底颠覆了欧几里得几何学的空间体验和感知；空间起伏动态，说不清是表皮造就了空间还是空间成就了表皮。盖里对自由曲线的偏爱并非仅仅出于对形式的热爱，还因为它蕴含了比直线更加丰富的信息。曲线的坐标包含了大量的信息，这些曲线又构成了动态的曲面——构成了丰富多变的莫比乌斯环似的表面和空间。[1] 盖里的创作采用的是一种数字化的生成过程。先制作自由曲面的实物模型，再利用仪器在计算机内数字还原，并精确地调整和控制曲面形态。建筑数学对空间复杂变换的研究及计算机对自由形体游刃有余的塑造，成就了这样一个非凡构思的建筑（图2-58）。

　　随着空间数学化的趋势，建筑师借助计算机将越来越多的数

a）建筑外观

b）内部空间

图2-58　西雅图音乐中心[67]

学曲面纳入建筑空间的探讨之中。复杂曲面形成的空间颠覆了传统的空间体验和感知。空间以数学函数的循环运算或迭代来追求曲线形态产生的过程，表皮的最终结果和空间的表征同等重要，并且只有通过生成的过程才能深刻地理解令人惊异的曲面形态。

2.3.3　表皮信息塑造流动性空间

1986年，德勒兹提出一个褶子的世界：在这个世界中，时间和空间随着物质的折叠、展开、再折叠而生成。当代建筑师将"褶子"概念进行了演绎，应用于建筑表皮设计当中，即当建筑表皮具备结构和材料的双重性时，就可以替代空间结构而成为建筑自身，主导建筑的空间和时间。褶子理论模糊了界面内外的差异，外观就是物体的自身组织。在建筑当中，一个界面的不断折叠，内外的翻转，既可以形成建筑的围护结构，又可以形成建筑的支撑结构；同时，在这个折叠的过程中掺加时间的因素，使建筑内部人的活动呈现出来。建筑在四维空间上形成流动，同时形成建筑的形态。

建筑表皮的维护和交流两种基本功能地位的平等是四维分解法的重要成果，也是四维连续法得以成立的重要前提。这两种方法所形成的建筑空间都具有流动性、开放性的特征。因此，可以说，四维连续是对四维分解的继承，四维分解是四维连续法运用的前提。

2.3.3.1　表皮的四维分解

"四维分解"是表皮作为方法的一个典型实例。首先出现于意大利建筑学家布鲁诺·赛维的《现代建筑语言》的书中，并由20世纪20年代荷兰风格派建筑师提倡的一种设计方法。是指将建筑的围护构件分解成各个不同方向的壁板，通过壁板的不同组合重新构筑建筑要素。"一个体量被分解成各自独立的面，它们就扩大了原有盒子的范围，并且突破了用来隔断内外空间的界限。"[68]

从表皮的意义上而言，四维分解法有两个重要突破。首先，这种方法使传统意义上的顶界面、底界面和四壁界面具有了同等的意义，建筑表皮的连续性被突破，而空间的连续性得以拓展。其次，被分离出来的四壁界面所承担的围合功能和交流功能，获得了平等的地位，建筑内外空间的交流随着表皮的四维分解而变得更加突出。

通过这种表皮方式所形成的空间打破了传统方盒子空间的封闭性，使内外空间的流动成为可能。然而，这种流动性更多地局限于同一水平面上的内外空间流动，在竖直方向仍旧缺少交流。当人们意识到这个问题的时候，四维分解法被进一步拓展，从而产生了能使空间在更多维度上拓展的表皮处理方法，即四维连续法（图2-59）。

图2-59　施罗德住宅[69]

2.3.3.2　表皮的四维连续

四维连续是指将传统建筑设计中一般会明确区分的顶面、侧面、底面等表皮的不同部分，用连续但并不封闭的处理方式相互延伸，使建筑表皮成为塑造建筑体量和建筑空间的一种独特的设计方法。[70]四维连续的建筑表皮创造了空间的流动性。当建筑墙、地、顶等各元素以一体化的状态组织并延伸时，各表皮之间的边界就消失了，形成了共同的建筑表皮。空间具备了流动与通透的特征，表皮的连续与空间的连续就联系了起来，建筑内部人的活动、结构断面的暴露，因空间在时间上的延续而得到展现。

四维连续法能够实现的基本要求是空间底面的非水平面化，从而使空间本身具有明显的方向性。空间在多个维度上连续，产生非匀质的特性。四维连续法的建筑的外围护体往往是透明的玻璃，趋于消失的围护结构是为了将建筑的结构构成和空间的流动性展示出来；表皮的独立性为剖面化的连续性所替代，形成折叠的水平面。

由迪勒+斯考菲迪奥与伦弗洛（Diller+Scofidio+Renfro）设计的Eyebeam艺术与技术博物馆，是一个高度结合技术与艺术，激发人们想象力的反传统建筑。它围绕两个重要的编码表面进行概念组织，一个用于展示，另一个用于生产。这些表面没有被设计为明显的公共和私密区域，而是折叠、相互连接、混杂组合，并具有多处接合部位——这被建筑师们叫作"控制中的混沌"。它的表面是一张连续折叠的面。这个面时而处于水平，时而处于竖直，时而介于二者之间；时而起到维护作用，时而起到支撑作用，时而只是起到分隔空间的作用。这个面使建筑的内部与外部空间相互连接，使展示空间与生产空间平滑过渡。这个面带动了空间本体的流动，刺激了艺术生活的活跃。另外，Evebeam

a）四维连续的表皮   b）内部流动空间

图2-61　乌得勒支大学教育工场[71]

博物馆与该事务所设计的交流网络遍布建筑表面，一个巡回移动的监视设备通过温度传感器吸引人和技术活动的注意，人的活动成为这一景象的主动参与者。在这个意义上，Eyebeam博物馆既重申了艺术与博物馆的传统角色，也引发了视觉的新方法（图2-60）。

　　乌得勒支大学教育工场（Educatorium）（荷兰，1997）位于De Uithof校区内，1985年校方委任OMA建筑师事务所负责该校区规划。1993年OMA承接了教育工场的设计，该建筑于1997年竣工，是OMA的第一件校园建筑作品。Educatorium是一个拼造出来的词，意思是"学习的场所"，是供乌得勒支大学所有院系及研究院共同使用的一项设施。因此，雷姆·库哈斯采用了非常规的处理手法以传达他的设计理念。他利用两块巨大的混凝土板贯穿整栋建筑，将地面、墙面、屋顶联结成一体，创造出充满连续性和流动性的空间，暗指学习要在不断地交流、不断地螺旋上升中取得进步。入口地坪与地面相接，自然而然地将人们引入建筑内部，并通过室内大量的坡道和台阶，形成空间的连续。建筑内部包括大教室、演讲厅兼小剧场、公共空间和餐厅。这些空间多半不是地板就是屋顶采用了斜面的设计，楼板与墙面连接在一起，通过木质材料的处理，成为学生休闲聚会的场所。建筑空间在流动、开放的基础上进一步深化，实现了建筑空间和时间的连续交融。建筑所用的玻璃透射率较高，使人能够清楚地观察到内部的情况，符合大学建筑的开放精神，并较好地融入环境当中（图2-61）。

图2-60　Eyebeam艺术与技术博物馆[23]

　　库哈斯在荷兰大使馆设计中，也采用了相似的方法。通过对

a）四维连续的表皮　　　　　　　b）内部流动空间

图2-62　荷兰大使馆[72]

面元素的折叠处理，扩展了空间之间的联系。反映在建筑表皮上，不仅展现了空间的流动性，更使建筑形态具有了一种延展性（图2-62）。

四维连续法强调了表皮的空间特征，而不是围护的特征，颠覆了传统意义上对建筑表皮的独立性的理解，在视觉上弱化了建筑表皮作为建筑的一个构件的特点，在空间上延展了建筑时空的连续和交融。虽然地心引力的客观存在使四维连续的探讨具有难以逾越的局限性，但这种方法为建筑表皮的表达提供了更多的手段，将空间流动性引入更深层次的探讨。

第3章
当代建筑表皮信息传播的媒介表现

　　媒介通过其所承载的符号传递信息。视觉信息是建筑表皮与受众最主要的交流方式。材料、结构、构造都是构成表皮的主要物质载体，是表皮视觉信息的主要传播媒介。材料能够表现出特殊的艺术审美效果，结构的美在于其对于力学逻辑的理性表达，建筑构造被先进的工艺技术推到了极致，也已成为传递技术信息的重要媒介。

"表皮构成并呈现了物体的视觉形式，并经由视觉系统转化成各种信息而被我们认知。这样表皮就成为被掩盖的物体的内部和外部世界的交流媒介，也使得表皮取代空间而成为建筑创作的首要问题成为一种可能。"[73]

——詹姆斯·吉布森[1]

传播意义上的媒介是指传播信息符号的物质实体，媒介通过其所承载的符号传递信息。离开了传播媒介，信息交流就无法实现。传播学大师施拉姆认为，"媒介就是插入传播过程之中，用以扩大并延伸信息传送的工具。"

表皮传递信息所依赖的物质实体即是它的传播媒介。在表皮的设计活动中，材料、结构、构造是可以直接作用于受众的物质手段，它们都具有自身的媒介表现性。建筑师正是通过这些有形的方式，将构思以具体物质手段抽象地表达出来，从而传递无形的信息。建筑师选择材料的组合方式、结构的作用方式和构造的表达方式，就是在选择信息以及信息的传达方式。这是一个信息编码的过程，直接影响信息传播的效果。

3.1　材料表现——美学信息的传递

彼得·卒姆托[2]曾说："轻盈如薄膜的木地板，厚重的石块，柔软的织物，抛光的花岗石，柔韧的皮革，生硬的钢铁，光滑的桃花心木，水晶般的玻璃，被阳光烤得暖暖的沥青……所有这些都是建筑师的材料，是我们的材料。"[74]建筑材料的表现，是建立在建筑师准确把握和了解材料特性的基础上，主动地赋予材料以理念，展现材料的审美价值，促进建筑视觉形象的表达。材料之于表皮具有重要的表现能力，材料的各种特性将直接影响到建筑的性格与表情。材料是建筑表皮创作的基础，是美学信息传递的源泉。

笔者将材料表现的重点放在表皮要素的美学特征上，探讨材料与美学信息之间存在的内在关联。

<hr />

1　James Jerome Gibson（1904.01.27—1979.11.11），美国实验心理学家，专长知觉心理学研究，创立了生态光学理论。吉布森因其对知觉的研究而著名。其研究主要有两方面：直接知觉论和视知觉生态论。

2　Peter Zumthor，1943年4月26日生于瑞士巴塞尔。他认为现代建筑必须反映出所附带的任务和自身本质。他的建筑总是能够运用各种材料，尽最大可能地精确地表达出特定的社会环境和特殊的建筑用途。

3.1.1 材料的媒介性

（1）**材料的物质属性** 材料之于建筑师正如画家手中的颜料，是创作的物质基础，也是建筑创作从图纸转化为实实在在的建筑作品所必不可少的物质条件。材料是构成建筑表皮最基本的物质存在，在建筑中扮演着十分重要的角色。材料的选择和组合都会影响到表皮的视觉效果。人们对材料的感知和接收是一个综合而主动的过程，这些由材料直接传递出来并可借助各种身体器官让人感知的属性，通过视觉、触觉或心理的方式进行，最后所得到的感受是材料本体的一种内在体验。这一切都源于材料的物质性和存在性。因此，材料的可见可感，使其成为建筑表皮美学信息传播的媒介。

（2）**材料要素的美学影响** 材料的特性、肌理和色彩，构成了材料最基本的要素，它们在材料中所扮演的角色和所处的地位也是不尽相同的，各种要素影响的距离范围是由感知它们的身体器官特征所决定的。建筑表皮的主材料的选择决定了建筑的整体效果，人们极易将建筑表情与这种材料的原始记忆联系起来，所以影响的层面可以很深。随着距离的接近，材料的肌理和透明度会逐渐清晰并占据了视觉的重点，肌理的细节、色彩的变化也逐步显现，粗糙程度甚至新旧成为这一阶段感受的重点。最后当人和材料处于一个较近的距离时，便转化成触感的影响范围。而在整个体验过程中，人脑会不断地把该种材料与以往的感知相比较，即当前器官所接收到的信息与它的符号相对比，从而产生审美判断。因此在设计的时候应该根据不同的情况对不同的要素予以关注和强调。

（3）**材料运用的审美体验** 每种材料都具有自身的表情和独特的表现力。由于生产和加工的方式不同，所形成的审美体验有所不同。例如，混凝土具有凝固、硬化的材料特性，既可以作为结构材料，同时丰富的肌理又可形成特殊的表皮效果。它能够传递出更多质朴、厚重的文化信息。黏土砖的烧制材料多源于自然，它纹理微妙、色彩柔和。它表现了建筑与环境融合的心理需求，沉静、亲切的自然信息使之成为建筑师表达温暖感所热衷的表皮材料。金属材料形态的多样化体现了当代建筑表皮注重人情味与高技术相平衡的思想。塑料的柔韧性、透明性使建筑表皮轻盈、通透，而且具有呼吸、节能等生命体机能。木材作为表皮材料的建筑，往往给人亲切的感受，也更容易表现出地域特色。玻璃是最重要的透光性材料，作为新时期的新材料，成就了变化丰富的建筑外观及建筑空间。

建筑表皮总是由多种材料共同构成的。点状、线状、面状等肌理能够形成不同的美学特征，从而产生不同的审美体验。不同的材料组合运用，由于材料之间的比例不同，也将影响到建筑的视觉效果。相似的材料组合在一起，容易取得统一，烘托出一定的氛围；相异的材料组织在一起，则可以通过对比彰显各自的特色。通透性、反射性不同的材料组合在一起，能够形成较强的虚实对比；纹理细腻的和纹理粗糙的材料组合在一起，能够塑造出不同的表面性格；多种不同要素混合在一起，则需要根据每种要素的比例，使表皮个性鲜明且信息内涵丰富。

在各种视觉要素中，色彩属于敏感且最富表情的要素。色彩对人心灵的撼动是强烈的、戏剧性的，对人的生理、心理均产生很大的影响。由于人的视觉对于色彩有着特殊的敏感性，因此色彩所产生的美感往往更为直接。具有先声夺人力量的色彩是最能吸引眼睛的诱饵。色彩在视觉艺术中具有十分重要的美学价值。现代色彩生理、心理实验结果表明，色彩不仅能引起人们大小、轻重、冷暖、膨胀、收缩、前进、远近等心理物理感觉，而且能唤起人们各种不同的情感联想。不同的色彩配合能形成热烈兴奋、欢庆喜悦、华丽富贵、文静典雅、朴素大方等不同的情调。当配色所反映的情趣与人们所向往的物质精神生活产生联想，并与人们的审美情绪发生共鸣时，也就是说当色彩配合的形式结构与人们审美心理的形式结构相对应时，人们将感受到色彩和谐的愉悦，并产生强烈的色彩装饰美化的欲望。色彩的搭配并不同于公式，它只是前人总结的经验，应用时必须综合考虑。

作为建筑师，只有充分认识到材料表现对表皮设计的重要性，学习和掌握不同材料表现的客观规律，提高材料表现必需的技术水平和艺术修养，并在具体的设计实践中加以运用，才能传递出更丰富的美学信息，引发受众更多的心理共鸣。

3.1.2　表皮材料的特性转向

表皮生成的过程包含着材料表达的过程。材料的选择、组织直接影响着表皮的视觉、触觉效果和功能。当常规建筑材料被加工或以不同以往的方式进行组织时，往往会给人耳目一新的感

觉。这些原本普通的材料经过重新组织、利用和转化，展现出新
的魅力。通过表皮所传递出来的丰富的视觉信息，能够看出当代
建筑师对于表皮设计思想的转变。

　　创造性地使用表皮材料主要有两种方法。一种是利用材料本
身的性能，通过物理和化学方法，改变材料表面的颜色或质感，
从而形成新的材料肌理；另一种方法是将材料的基本单元排列组
合，通过凹凸和质感的变化创造新的肌理。对于第二种方法，笔
者将在3.1.3小节当中进行更详细的阐述（图3-1）。

3.1.2.1　自由的混凝土——从结构材料到自由塑造

　　混凝土是最早的各向异性的人工建筑材料，它有良好的耐
久性、很高的承载力。在当代建筑表皮中，由于它的塑性性能良
好，为不同形式建筑开辟了新的道路。根据视觉效果的不同，混
凝土可分为五类：清水混凝土、预制混凝土、加工石面板、清水混
凝土砌块、水泥沙板料。不同建筑师对于混凝土的追求也是有差
异的。一些建筑师追求混凝土的精致，表达它雅致、自然的效果，
如安藤忠雄；一些建筑师追求混凝土自然、粗犷的力度美感，如哈
迪德；另一些建筑师将混凝土的粗犷与精致协调起来，通过比例
的推敲，使建筑兼有力与美的结合；还有一些建筑师通过在混凝
土中添加特殊的添加剂，以追求混凝土色彩和质感的特殊，如安
奈特·基冈（Annette Gigon，瑞士）。混凝土变得越来越灵活自由，
逐渐从单纯的结构材料，发展成为一种富有外在表现力的表皮材料。

　　（1）形态的自由　　混凝土是一种整体材料，各构件间的无缝
过渡很容易做到；因此，它的最大特点即是可塑性。自由灵活的
形态几乎可以满足建筑师头脑中任意的想象。在当代建筑中，混
凝土往往与承重结构结合在一起表现建筑。这种传统材料趋向更

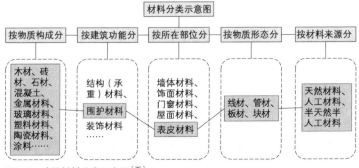

图3-1　建筑材料分类示意图[75]

图3-2   沃尔夫斯堡科技中心[76]

加自由和直观的表现方式。由扎哈·哈迪德设计的沃尔夫斯堡科技中心（德国，2001）犹如一只巨大的、匍匐在地的昆虫。粗糙的混凝土、倾斜的立面、平行四边形的窗令人难以对它加以定论，底部粗壮的混凝土柱子充满了张力（图3-2）。

（2）颜色的自由   除了混凝土材料可塑性形态的应用外，金属氧化物、特殊颜料等物质的掺入，能够使混凝土呈现出丰富的色彩变化。混凝土的颜色通常都是永久性的，不会随气候条件的变化而变化。因此，当代彩色混凝土的应用变得越来越受到建筑师的重视与认可（图3-3）。

图3-3   混凝土呈现的丰富色彩[44]

图3-4   相同成分的混凝土所呈现的不同肌理[44]

（3）肌理的自由   为了使混凝土表面呈现不同的变化，需要对其表面进行加工。最常用的方法为涂刷和清洗。即把最外层的细质灰浆冲掉。用酸蚀、喷砂、火烧净化等方法，都可以改变混凝土表面的肌理（图3-4）。

3.1.2.2   装饰的黏土砖——从体量表现到装饰手段

黏土烧结材料已经在建筑上应用7000多年了。在其初期是作为结构材料出现的。但由于砌体结构特性的限制以及建筑对于空间及形式的要求，以砖及砌块为主体结构材料主要应用于一些小型建筑。把着重点放在了砖建筑的体量表现。但经过现代建筑的

图3-5　矩形装饰性砌块的多种粘结方式[44]

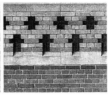

图3-6　矩形装饰性砌块的多种砌筑方式[44]

熏陶，砖建筑有了新的变化，从体量表现转换到装饰效果。砖的重量感和质地感与被称为现代材料的钢和玻璃形成鲜明的对比。这种质量感给被金属和粘贴材料埋没的城市带来了新的感觉和古典的味道，黏土砖成为建筑师表达温暖感、人情味所热衷的表皮材料。砖本身的功能和温暖感是让我们回归砖建筑的有利因素。

（1）粘结方式　很多因素决定了烧结黏土砖建筑表皮的美感，如材料、煅烧工艺、颜色、排列等。其中粘结层是一个最重要的因素。粘结层的厚度、深度和粘结处的颜色都是影响立面外观的基本因素。同一类砌筑方式即可通过粘结方式的改变产生很多种视觉效果（图3-5）。

（2）砌筑方式　脱离了结构性的束缚，黏土砖的装饰性随着砌筑方式的多样化而不断变换，甚至形成镂空的效果。小型的空洞可以透光透气，使视线在一定程度上得以连续。斑驳的落影更增添了建筑的趣味性（图3-6）。

（3）染色方式　煅烧温度、窑内氧气含量、铁元素的存在形式及价位、原材料及外加剂都能影响砖的颜色。在当代建筑中，黏土砖的颜色分冷、暖两类，主要依建筑的性质和周围环境而定。暖色（如黄色）给人亲切、接纳的感觉，多用于居住、休闲建筑；冷色给人严谨、规整的感觉，多用于科研、纪念性建筑（图3-7）。

3.1.2.3　多样化的金属——从预制构件到塑性透明

金属材料应用于表皮由来已久，使大比例的预制和极为精确的加工成为可能。轻盈的钢框架与透明的玻璃代表了一类"高技

a）索尔塔瓦拉镇公所[77]

b）奈良百年纪念馆[22]

图3-7　不同颜色的黏土砖

a）泰晤士河洪水防控中　b）皮亚诺事务所建筑生　c）毕尔巴鄂古根海姆博物馆：
心：镀锌板表皮材料　　产间：粗化铅表皮材料　钛金属表皮材料

图3-8　金属表皮[44]

派"建筑的特点。今天，金属已经不再仅仅作为构件出现在表皮当中，转而呈现出前所未有的视觉效果。

金属合金的不断发展，可以更加精确地调节金属材料的属性，以满足多种需求。如铝合金和锌合金具有很好的抗空气氧化及防腐蚀的能力；钛合金和铅合金具有很强的反射能力，可以形成强烈的金属效果；不锈钢和铜质材料具有良好的柔韧性和易于加工，还可以赋予多种不同的颜色……不仅如此，这些材料的机械性能和热能也有了很大改善，表现出更强的抗牵引力、抗压力等。另外，涂层技术的发展对表皮外观也是至关重要的。人们利用很薄的金属涂层来反射光线。将薄膜、金属薄片、镀层薄膜等附着于其他材料之上，既达到金属表皮的效果，又降低了造价（图3-8）。当代金属材料的创新使用主要表现在它的可塑性和透明性两方面。

（1）**可塑性**　随着合金材料的层出不穷和制作工艺的不断进步，就表皮发展而言，人们开始关心如何将这些金属材料覆盖于形式极为自由的建筑之外，以及如何利用金属可塑性强的特点，创造出可视的金属表皮材料。由温德尔·霍夫尔·洛施+赫施建筑师事务所设计的新泽特博物馆和文献中心（德国，2005）的形态是通过逐步逼近法反复迭代演进的，表皮由约3000块14mm厚的不规则三角形耐候板焊接成一整块折叠板，表皮既是外部承重结构又是表面覆层。红棕色的建筑仿佛成了地景的一部分（图3-9）。由费尔登建筑设计事务所设计的皇家空军博物馆（英国，2006）的形态十分具有雕塑感。这是世界上第一个有关冷战时期社会、政治和军事对抗资料的展馆。两个曲面的三角形形体沿一条中心分界线靠在一起，具象地表达了这场争斗。建筑外表面覆盖垂直接缝的铝材，接缝随屋顶形态的扭曲而变化。金属冰冷的色调和封闭的巨大体量使建筑极具雕塑感（图3-10）。

图3-9　新泽特博物馆和文献中心[78]

图3-10　皇家空军博物馆[40]

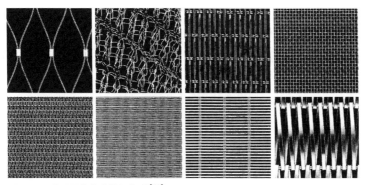

图3-11　金属网的多种编织方式[44]

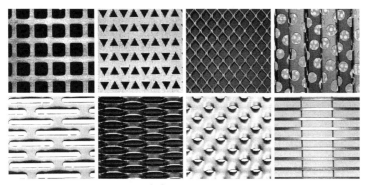

图3-12　金属板的多种穿孔形式[22]

（2）**透明性**　通过编织与穿孔，可以将金属转化成金属网或金属板，使其呈现出半透明的特性（图3-11、图3-12）。

慕尼黑犹太人中心（德国，2004）的金属网坐落在一圈封闭的石基上，仿佛是一个升起的灯罩，使整个建筑体量溶解在半透明的光线中（图3-13）。由大卫·奇普菲尔德设计的得梅因公共图书馆（美国，2006）的铜网位于两层玻璃之间，是唯一的遮阳系统，它不仅可以减少眩光和热量的吸收，金属板组装而产生的细微变化，为图书馆带来了既丰富又统一的效果（图3-14）。不仅如此，根据不同的效果需求，还可以将金属网中编入塑料、照明纤维等其他表皮材料，形成具有照明功能、图式语言（文本、图形）的表皮形态。

金属板具有质地均匀、高密度、持久耐用，并能够适应外界环境、不渗水、不腐烂以及良好的力学性能。通过对金属板的预成型处理，可以在金属板上形成各种形态的空洞，阳光和空气可以穿过，形成特殊的透明效果。停靠线（1995，意大利）是一个由工业建筑改建的大型娱乐中心，建筑主体结构为混凝土，表皮采用金属穿孔板装饰。表皮呈铁锈红，似乎提醒人们这里曾经用作工业用途。薄钢板厚度仅有1.5mm，当夜幕降临的时候，光线从小孔渗透出来，使整个建筑看起来就像一盏巨大的指示灯；在繁忙的公路旁，提示过往行人建筑内部的丰富活动（图3-15）。

另外，金属由于它的锈蚀性，加入了时间信息，使建筑表皮的信息量更加丰富。

3.1.2.4　可呼吸的塑料——从工业用品到轻型薄膜

长期以来，塑料一直被认为是传统建筑材料和玻璃的廉价替代品，局限于特殊用途的建筑或是不太重要的建筑如车库、遮阳篷等。由于其改良后的抗老化性能和低廉的价格，以及其美学的品质，作为具有透明性的轻型材料，塑料逐渐在比较重要的建筑表皮中占有一席之地。塑料材料具有柔韧性、透明性、适应性等特点，因此，它不仅可以呈现出各式各样的形态，而且是仿生学概念建筑表皮热衷的材料。这种轻型的张拉结构在形式和结构上都近似于自然界中的高效极简结构，它可以轻易地实现大跨度结

图3-13　慕尼黑犹太人中心[40]　　　图3-14　得梅因公共图书馆[40]　　　图3-15　停靠线[22]

构，并给人以昆虫翅膀、肥皂泡或蜘蛛网等感觉。常用的有PVC材料、聚酯、PTFE和ETFE（乙烯–四氟乙烯共聚物）等。新型塑料具有轻盈和仿生两大特点。

（1）**轻盈**　塑料最大的特点即是自重轻，塑料薄板的建筑表皮使整个建筑都给人轻盈的感觉。近几年，薄膜塑料作为半透明织物或高透明度、薄纸般的镶板，逐渐迎来了其辉煌时期。由Mass Studies设计的釜山Xi美术馆建筑的表皮即采用塑料材料。建筑物坚固、巨大的基座上方为不规则大体量出挑结构。立面上竖直方向的薄膜使大体量的建筑显得体态轻盈。夜晚，室内光线透过充气的半透明薄膜照亮整个建筑，薄膜上该公司的微缩标识若隐若现（图3-16）。

不透气、柔韧且有承载力的人造材料的发展，为气承式、充气式外围护结构的出现奠定了基础。这种表皮材料具有跨度大和优良的透光性能。由Grimshaw设计的国家航空中心博物馆（英国，2001）是新世纪的建筑作品。建筑呈塔状，高42m，表皮由一层很轻的钢结构和分三层的ETFE薄膜构成的充气垫组成，这种薄膜在紫外线滤光镜下非常稳固，具有自动清洁的功能。整个建筑看起来就像是一座导弹仓库，随时都有发射升空的可能（图3-17）。

（2）**仿生**　当代社会要求建筑表皮能够对气候环境的变化做出反应，在最低限度消耗能源的情况下，达到既定的室内舒适度。这使得建筑表皮肩负了新的目标和任务：不仅仅是单纯的表皮，进一步被作为建筑的"皮肤"，成为建筑与外界环境进行能量和物质交换的界面。就像人的皮肤和树叶的表皮，远不止是一种视觉表象，而实际上具有逐级深入的分形特点和基于这种机制的自我调节的功能。2008年北京奥运会游泳中心的表皮是一个"无限等体积气泡"结构。这种模型在自然界中普遍存在，如细胞组织单元的基本排列形式、水晶的矿物结构和肥皂沫的构造等。水在泡沫状态下的微观分子结构经过数学理论的推演，被放大为建筑体的有机空间网架结构，形成生动立体的表皮肌理。"水立方"的建筑外围护为内外两层ETFE结构，由3000多个气枕组成，覆盖面积达到10万m^2。这种材料不仅环保节能，每年可回收雨水1万t。同时，这种膜材料还具有自洁功能，表面基本上不沾灰尘。膜结构的透明性使场馆每天能够利用自然光的时间达到9.9小时。表皮具有了呼吸、调节、支撑等生物机能（图3-18）。

3.1.2.5　再生性的木材——从易老化到可再生材料

尽管木材作为建筑材料已经使用了很多年，但木材在表皮的应用并不是很普及，通常木结构总要结合使用砖石。随着现代加工制作技术的提高，木材业逐渐克服了其易腐蚀、硬度差等缺点，并以其可再生性的优点，被作为一种环保材料在当代建筑中大量使用（图3-19）。用于表皮的木材主要包括防腐原木和人造木材两种。防腐木材用于表皮的有橡木、雪松木、落叶松等，通过防腐处理，以期达到持久、耐用的目的。人造木材是用各种饰面胶合板和饰面密度板经过防腐防水处理而形成的型材，这种板材的纹理通常比较细腻、光滑。木材在表皮的使用主要有两种形态：木镶板和木檩条。木镶板式是由高密度的镶板和用添加剂进行处理过的柱带组成，它的特性是防潮、防火和防蛀；木檩条式是将板条固定在框架之上，安装时对板条间的缝隙进行控制，因此阳光可以从这些缝隙中射入建筑之中，形成丰富的表皮肌理的同时，还可以达到通风、采光的效果。使用木材作为表皮材料的建筑，往往给人亲切的感受，也更容易表现出地域特色。

图3-16　釜山Xi美术馆[64]　　　　图3-17　国家航空中心博物馆[79]　　　　图3-18　国家游泳中心[80]

（1）**镶板**　现代建筑由于木材资源的缺乏和生态的考虑，很少运用整根木材来做建筑的结构或外墙，更多的是以木板材的形式作为建筑外表皮的装饰。如胶合板、纤维板、细木工板等。[81]这些板材表面细腻、光滑，颜色均匀，力学性能好。由建筑师Aires Mateus e Associados设计的大学公寓（葡萄牙，1996）采用的是木质板材，木材表面的黄色和丰富的纹理，让这座学生公寓备显温暖。每间宿舍都有带两扇双折叠百叶的窗。暴露出的玻璃窗随着居住者的更换而改变，立面效果也不断地变化（图3-20）。

（2）**木条**　木构建筑具有"线性"特征，缘于木材在森林里生长的自然形态，同时也出于对木材使用的合理性的考虑。当使用木材作为建筑的外表皮材料的时候，也不应该将思维固定在"面"的概念上，以某种方式再现木材的线性特征是木质建筑表皮的重要表现内容。欧洲企业创新中心的外部结构全部是用木薄片形成木栅栏，由玻璃隔断木栅栏与内部空间。木栅栏与外墙面间隔50cm。这些木薄片是镶嵌在10cm厚的主立柱上，木栅栏与外墙面的间隔方式也暗示了建筑内部空间的分割。木薄片均匀排布，但倾斜角度不同，由下而上逐渐向上翻，既可以充分接受阳光，又可以使楼上的起居区采光充分（图3-21）。当代木建筑以木条作为表皮装饰材料的实例很多，根据木材种类、断面和间距的不

图3-19　木质表皮的多种肌理[44]

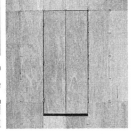

图3-20　葡萄牙大学公寓[22]

图3-21　欧洲企业创新中心[22]

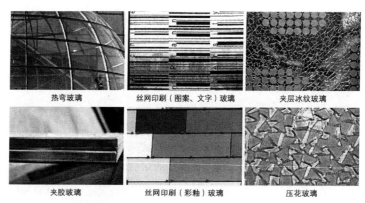

热弯玻璃	丝网印刷（图案、文字）玻璃	夹层冰纹玻璃
夹胶玻璃	丝网印刷（彩釉）玻璃	压花玻璃

图3-22　不同的玻璃形式[45]

同，可以创造出多种多样的表皮肌理。

　　木材是可再生建筑使用资源。在注重环保的今天，木材被广泛地用于各种建筑当中，为人们营造自然、舒适的居住和休闲环境。当代木材表现特征是优雅、亲切。木质建筑外表皮如何表达建筑的性格，如何体现其质感特征，是木材文化需要表达的内容。

3.1.2.6　可呈现的玻璃——从表皮消隐到表皮呈现

　　玻璃作为新时期的新材料，成就了变化丰富的建筑造型、外观及建筑空间。玻璃本身的洁净性、透明感增强了视觉效果，又使建筑自然采光的性能得以提高，其独特的通透性使建筑可以通过表皮达到内外渗透的空间效果（图3-22）。

　　（1）质感呈现　玻璃本身是光滑而细腻的，致密的结构使得玻璃显得坚硬而冷漠。全透明玻璃虽然采光性能好，但也暴露了室内的全部活动，使建筑缺乏私密感。当代，在普通平板玻璃的基础上发展了很多玻璃加工艺术，增加了玻璃表面的纹理和立体感，改变了玻璃的透光性能，令本来是透明无色平面产生千变万化的颜色和肌理（图3-23）。这种具有纹理的半透明玻璃在一定程度上像是一个含蓄而隐约的介质，让室内外空间静静地对话。玻璃的凹凸也使建筑在立面上有了细微而丰富的细节，这些细节不仅让光线以发散的方式混合，赋予建筑表皮以柔和、明亮的质感，也给人以心理上细致优美的感受。[45]玻璃砖是这类玻璃材料的典型代表。它融合了玻璃的固有特性和空心砌块的特点，有多种纹理、色彩、质感效果可选（图3-24）。

　　（2）色彩呈现　玻璃可以通过加入矿物元素或其氧化物而呈

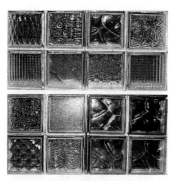

图3-23　各种各样的玻璃砖[45]

图3-24　彩色玻璃砖的室内效果[45]

现出茶、蓝、灰、绿等颜色。有色玻璃在表皮上的应用以装饰性
为主。另外，还可在玻璃表面镀金、银、铜、铬、镍、铁等金属
或金属氧化物薄膜（伏打玻璃），从而呈现出灰色、青铜色、茶
色、金色等。这样的做法使得玻璃形成镜面反射，从而获得了多
种人工色彩或环境色彩。玻璃的反射能够使建筑物融于环境当
中，消减了建筑的体量和冲突。

　　玻璃幕墙的色彩可以通过四种途径实现：①运用彩色玻璃。
这种方法需要在玻璃加工的时候完成，色彩的选择性相对较少，
不容易被控制，因此实际工程中相对较少采用。②单片玻璃加工
完成后背粘各种色彩的胶膜。这种方法简单易行，色彩的选择性
大，适宜小批量生产。③单片玻璃加工完成后采用丝网彩釉印刷
手段，形成各种色彩及装饰图案。④选用无色透明玻璃，内部设
置彩色遮阳卷帘、百叶、折叠遮阳板等。利用玻璃的透光性形成
彩色玻璃幕墙。这种方法易于调节，色彩可变。

　　布鲁赫设计的德国柏林消防警察局采用彩釉钢化玻璃作为建
筑的表皮。色彩成为建筑表皮最为醒目的元素，通过不同色彩、
规格的玻璃外表皮材料，简单的建筑体量表达出丰富的内容。开
启扇以百叶玻璃片形成的遮光构件超越了玻璃在建筑中传统的透
光功能（图3-25）。瑞士诺华制药公司总部的建筑表皮同样以彩
色玻璃为主，玻璃面积约占735m^2。为了达到悬浮的目的，艺术
家与建筑师共同将1200块20多种颜色的长方形玻璃嵌入三个不同
垂直层面，使玻璃仿佛如彩色衣裙般环绕着大楼。大楼表皮就像
是一幅巨型水彩画，其颜色随着光线入射角及视角的不同而逐渐
变化，大楼也因此而令人印象深刻。为了满足建筑师头脑中强烈
的愿望，设计者还设计了独特的表皮支撑结构，使这些彩色玻璃
经受住了风洞测试，成为现实（图3-26）。

　　（3）**构件呈现**　一般情况下，玻璃幕墙的玻璃所占面积比例很
大，金属型材主要起到支撑固定作用，所占比例非常小，甚至被隐
藏到玻璃背后。随着金属工艺与结构技术的进步，这些结构构件仪
器精巧和美观而成为表皮构成的要素，走到玻璃前面，成为重要的
视觉元素。虽然每个金属构件相对于大片的玻璃很不起眼，但大量
的构件以一定的受力原则分布时，则承载了大量的信息（图3-27）。
彼得·卒姆托设计的布雷根茨美术馆（奥地利，1997），就是将玻
璃幕墙的构件作为重要的表皮构成元素，而获得成功的经典案例。

图3-25 柏林消防警察局[45]

图3-26 瑞士诺华制药公司[82]

建筑师共使用了七百多块半透明玻璃,每片玻璃之间相互脱开。玻璃既不打孔也不分格,而是挂在钢结构的骨架上。支撑玻璃的钢结构点支座向外出挑,形成表皮的点状要素。玻璃模块在两侧的重叠,形成了表皮的竖向分隔线。每横排玻璃的间隔形成了表皮的横向分割线。通过这种方法,使原本简洁的玻璃幕墙具有了丰富的点、线、面构成,在阳光的照射下,玻璃和这些构成在光线反射与折射的变化中,形成了简洁却丰富的表皮效果(图3-28)。

建筑表皮在当代作为建筑表现的主体,在材料的选择上展现了彻底的多元化趋势。许多非传统建筑材料,如工业产品、科技产品、生活用品,甚至液态、气态物质,都被组织到表皮当中。材料及其形态的模糊、变化导致了建筑边界的模糊、不确定。这些材料承载着自身特有的信息和理念,将其带入建筑表皮当中,使表皮乃至建筑都呈现出该材料的特质。

事实上,建筑表皮的创作从来都不是通过某单一材料完成的,而是由多种材料共同构成的。相似材料组合,容易取得统

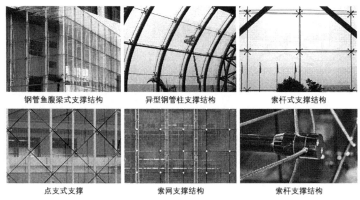

钢管鱼腹梁式支撑结构	异型钢管柱支撑结构	索杆式支撑结构
点支式支撑	索网支撑结构	索杆支撑结构

图3-27 各种不同的点式幕墙支撑结构[45]

图3-28 布雷根茨美术馆[83]

一；相异材料组合，则可以彰显特色。什么样的建筑适合选用什么样的材料，或者说什么样的材料对于一个特定的建筑来说更具有表现力，是建筑师必须深入考虑的问题。因此，需要对每种材料的特性、经济因素、使用部位等多方面考虑并具体分析。只有这样，才能够通过材料表现，创造出符合建筑特点、彰显建筑气质的建筑表皮。

3.1.3 表皮材料的肌理构成

在当代建筑中，建筑师常常运用建筑材料的排列形成特殊的视觉效果，并以此形成富有趣味的表皮肌理。这些肌理，有可能是材料本身的质感形成的视觉效果，也有可能是不同材料之间的对比形成的差异性。由于前面笔者已经对表皮材料的选择进行了分析，因此，下文将对材料的排列方式进行探讨。根据表皮肌理的不同，具体可以表现为匀质型、方向型、对比型和混合型四种情况。当然，在现实建筑中，这几种纹理模式常常混合表现。

3.1.3.1 匀质型——点状要素

均匀是一种常态的肌理表现，通过视觉元素的重复，给人一种秩序的匀质感。这种表皮肌理能够化解建筑的边界，形成更深远的空间意象。本节研究的表皮匀质性肌理是指利用材料手段，统一表皮的各个面，形成"墙非墙"、"窗非窗"的一层连续、均匀的"皮"，包裹在建筑形体之上。这层"皮"同时具有防御风雨、采光、通风的作用。在强调戏剧性的当代建筑中，这种肌理方式常常借助构件的精细和视觉元素的特殊来表现。

在伯明翰的市中心，塞尔弗里奇百货公司（建筑师：Future Systems，伦敦）与别的百货公司不同，它没有怂恿客人入内的宽大的橱窗，而更像一个来自宇宙的飞行器。建筑为钢承重结构，共四层，各楼层围绕中部共享中庭。建筑的三维弯曲表皮覆盖着整个建筑，表皮由两层组成，一层为钢网上喷洒水泥，一层为薄薄的蓝色绝热防水层。15000个直径660mm的压制抛光铝制圆盘均匀地排布在建筑表面，创造出奇妙的明暗效果。曲面的变化通过圆盘之间的细微间距差来弥补。亮蓝色表面上的圆盘好似悬浮在表面之上，它们根据一天之中不同时段的阳光、天气情况来改变外观，赋予这座建筑一种独特的颗粒状质地和轻盈的漂浮感。设计者莱贝特说："当时，塞尔弗里奇总负责人雷迪斯要求我们建造一座世界上最美的、像剧场一样的百货公司，而且不需要窗户。"莱贝特最初想建造一座类似雕塑的建筑，但为了减少建筑物没有窗户带来的沉重感，他突发奇想，决定将建筑物的表面像鱼鳞那样分割开来，最终得到了具有服装布料褶皱那样的流动感（图3-29）。

由巴考·利宾格建筑事务所设计的TRUTEC大楼（首尔，韩国，2007），最引人注目的即是那独具特色的表皮肌理。500块如结晶体般的玻璃元件规整排列，但突出的方向和角度各不相同。棱镜样式的半镜面玻璃创造出一种奇异的反射效果，成为周围城市环境的生动映像（图3-30）。

另外一个极为精美的组合的例子则是由让·努维尔设计的纽约100-11[th]大厦。这栋23层的公寓楼有着极为独特的玻璃组合表皮。建筑表皮由1647块不规则的方形玻璃框拼贴而成，每块玻璃有着独一无二的大小、透明度、颜色以及朝向角度等。虽然如此，由于每块玻璃成点状要素，因此，建筑的整体表皮仍旧呈现出匀质的面状效果。只是这个面在不同观赏角度、不同时间，呈现令人眼花缭乱的光影视觉。这种类似蒙德里安抽象画的表皮元素构成方式，使人们在不同观赏角度、不同时间，能够看到无法预测的表皮光影效果。建筑师似乎想要通过这种方式，表达出纽约绚丽多彩的城市风貌（图3-31）。

　　匀质性表皮在极少主义建筑当中应用得非常广泛。赫尔佐格和德默隆说："当我们想要将人们的注意力引向建筑表皮的时候，总是选择简单的建筑形体。"在极少主义建筑中，建筑表达的核

图3-29　塞尔弗里奇百货公司[84]

图3-30　TRUTEC大楼[78]

图3-31　100-11th大厦[85]

心并不是建筑形体，而往往和建筑的表面息息相关。许多极少主义作品都将表现的重点置于表皮上。单一体型建筑被单一尺度材料覆盖，没有不同轮廓的分割，只有单一形体的简单轮廓；没有相反与对立，只有重复与韵律。它们就像一件精美的艺术品，静静地站在那儿。[86]

由Squire and Partners设计的伦敦Reiss旗舰店和总部（伦敦）体量十分简洁，建筑师将各种不同的功能隐藏在不透明的丙烯酸玻璃板幕墙后面，随着光线入射和观察者视角的变化，不同宽度和深度的纵向沟槽赋予这个滤光层独特的视觉效果。整个建筑仿佛具有织物丝一般的质感（图3-32）。由妹岛合世设计的Dior东京旗舰店和Reiss有异曲同工之妙。位于表参道的这家Dior大楼外观由一块平坦而明净的灰白色特规玻璃制成，非常简练而优雅。据说在设计的时候，妹岛是从迪奥（Christian Dior）设计的带褶女装中获得灵感的，她在高透明层压玻璃内侧创新地装上裙褶一样的丙烯板。为了将丙烯板弯曲成希望的裙褶形状，又能够让人透过丙烯板看到店内的情况，她先在丙烯板上刷上条纹，再在玻璃和丙烯板之间装上光纤照明设备进行打光。夜幕来临，这座建筑仿佛一个衣带款款的女子，飘然而至（图3-33）。

另外，渐变也是一种表皮均质化的表现。缓慢的过渡，如赫尔佐格和德梅隆设计的巴塞尔铁路信号站（1999）中，实际上有双层表皮，里面一层是真正的维护结构，而外层则"悬浮"于建筑表面。表皮被当作一个近似二维意义的平面进行操作，并没

图3-32　伦敦REISS旗舰店[64]　　　　　　　图3-33　Dior东京旗舰店[87]

有强烈的立体主义空间感，突出的是一种温和的渐变纹理（图3-34）。这种手法在Bruckner设计的位于德国伍茨堡的艺术中心，都是通过视觉元素之间间隙的尺度变化获得渐变的肌理。

3.1.3.2 方向型——线状要素

根据诺伯格·舒尔兹的理论，感觉美主要来自于中心感和方向感。在建筑表皮设计中，方向感的营造十分重要，因为方向感的形成决定了中心感和领域感的形成。线是在空间中具有长度和方向性的细长形象，将线条用于建筑表皮设计，其意在强化建筑的方向性。线条是非常具有视觉表现力和情感倾向的元素。在建筑的设计与装饰中，把握不同线状要素的性质特征和情感表象，通过不同的形式组合和装饰手法，彰显建筑所要表达的理念与情感，这是建筑表皮表达的一个重要手段。

线的构成手法是以形态、质感、色彩等要素按照一定原则进行排列、组合，使建筑获得抽象的形式美感。线条所起的作用是体现出建筑的力度感、运动感与节奏感，从而刺激观赏者的审美情绪。不同的线条在表现为空间构成要素的同时，具有各自特有的表情。[88]

纵向线条与地面垂直相交，显示了与地球引力方向相反的动力，直线具有崇高向上和严肃的感觉，彰显力量与强度，使物体表现高于实际的感觉。因此，在一些高层建筑表皮当中，应用尤其广泛。纵向线条以直线为主，但也包括以纵向处理为装饰手法的曲线、弧线、S形线或其他线型，可以通过竖向支撑体系外露、

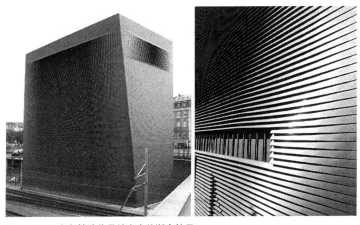

图3-34 巴塞尔铁路信号站表皮的渐变效果

图3-35　纵向玻璃肋幕墙

图3-36　横向玻璃幕墙分格

图3-37　表皮的斜向线条

竖向杆件连接、材质划分、色彩变化等方法实现。运用这些线条作为建筑整体立面或细部构件的表达要素，往往能营造出挺拔向上、高洁伟岸的形象气质（图3-35）。

横向线条与纵向线条在线条走向上形成对比，在塑造建筑形象时也显示了不同的装饰特征。横向线条与地面平行，具有附着于地面的稳定感，有舒展、开阔的表情，易于形成非正式的、亲切、平静的气氛。横向线条包括直线和曲线两种情况，但在一定程度上都有扩大宽度和降低高度的作用。这种水平线条主要通过建筑体量完成，建筑表皮上的纵向线条能够起到加强水平效果的作用（图3-36）。除了表皮上的立面划分以外，常见的水平构件还有水平遮阳体系等。

另外，斜线也可以在表皮形成复杂的方向感。一条斜线是不均衡的，当多条斜线交叉时，不均衡感和方向感都会被弱化。斜线比普通的表皮显得更活泼、更具有动势。如伊东丰雄在英国伦敦博览会设计的蛇形画廊，和日本东京TOD's旗舰店，都采用斜线将建筑表面自由分割成多个区域，打破了各个表面之间的区别，置身其中的人们会体验到空间的自由和动感（图3-37）。

3.1.3.3　对比型——面状要素

基于材料视知觉的研究，表皮设计涉及多种材料组合搭配问题的时候，主要有两种情况，一是以某一种或一系列材料的视知觉为表达主题，以协调的材料知觉特性作为主线；二是通过材料视知觉特性的对比，突出某个重点或突出某种联系。表面特性相悖的材料出现在同一个建筑表面当中，能够起到强化、激励的视觉效果。

材料的质地表现有软与硬、轻与重、粗与细、强与弱、干与湿、冷与暖、疏与密、韧与脆、透明与不透明等；材料的肌理表现有规则与不规则、粗糙与细腻、反光与不反光等特征；同时，材质与肌理还具备新颖与古老、舒畅与涩仄、轻快与笨重、鲜活与老化等不同的心理感受。在材料组合时，可以从任何一个角度入手让具有不同特性的材料在某一方面进行对比，以此突出这个角度的表皮视觉效果。在表皮对比设计时，应该结合建筑本身的形态、体量、与环境的相互关系等因素综合考虑，在整体统一的前提下进行协调与对比的设计处理，这样才能将各种材料统一在建筑表皮这一个大的材料表现语境之中，达到预期的效果。

a）曼海姆ACCESS商场　　　　　　b）意大利某商场

图3-38　表皮材料的交替比对[78]

（1）**交替比对**　交替对比是指两种或多种材料以相似形态反复、交替出现，形成有秩序的比对情况。这种肌理节奏鲜明，对比强烈，各种材料的特性都得到彰显。能够形成既冲突又不失理性的表皮形态。由布劳赫及合伙人事务所（Blocher &Blocher Partners）设计的ACCESS商场（德国，2007）是一家销售中心，以经营时尚用品为主。对时尚设计品牌的向往，被阐释在意味深长的非传统立面当中。楔形的玻璃表皮与实墙既互为补充又相互对比。玻璃的起伏变化，仿佛是许多玻璃橱窗。天然石材暗示着冷静与克制，玻璃窗内繁华的景象表达了商业建筑的热情与浪漫。两者强烈的对比，表达了材料之间比对的张力。从建筑内部看，表皮形态也是统一且与众不同的。开敞与封闭相互影响，形成了丰富、有趣的室内效果（图3-38）。

由KMK建筑师事务所设计的伦敦住宅开发项目位于泰晤士河南岸，这里有许多历史的印记，如莎士比亚环球剧院、泰特美术馆，以及一些旧仓库。建筑师进行方案设计的时候便将这些老建筑的表皮形态列入考虑之中。建筑师选用了厚重的落叶松推拉门，其粗糙的表面与光滑、反光的玻璃表面和阳极氧化铝板形成鲜明的对比。这三种质感不同的材料看似随意地分散在建筑物表面，却形成了活泼、独特的表皮肌理（图3-39）。

（2）**大面积对比**　材料的对比，需要注意图与底的关系，"图"突出于"底"，在视觉上得以强调，因此要注意"图"自身排列组合的总体特征和趣味；"底"作背景，不仅要考虑与"图"之间的相互关系，还要注意到自身的完整性。

图3-39　伦敦住宅开发项目[59]

a）辛辛那提当代艺术中心[89]

b）法国PIERRES VIVES大厦[90]

c）沃尔夫斯堡Phaeno科技中心[91]

图3-40　表皮肌理的对比

扎哈·哈迪德自身所拥有的民族、文化、教育经历以及性格的矛盾性最终对其作品产生了巨大的决定作用。她的作品充满激情甚至诡异，不屑于和谐，追求独具一格与创意无穷，切切实实是一个制造冲突的高手。材料对比是她突出作品效果经常使用的方法之一。她设计的辛辛那提当代艺术中心（美国，2003）是美国最先成立的致力于当代视觉艺术的建筑之一。哈迪德考察了建筑空间维度的各种可能性，设计了不规则又不连续的分形表皮，表达出"破碎"和"不规则"的涵义。建筑外表主要呈现灰色、银灰色以及黑色。黑色材料是经过阳极化处理的黑色铝；有人戏称这块黑色的体量就像是艺术中心挂在外墙上的一枚印章。法国PIERRES VIVES大厦项目结合了三座民用机构——档案馆、图书馆和运动部，独特的设计来自于组织图表的"知识树"概念（tree of knowledge）。模拟的树干结构将建筑空间与功能结合在了一起。沃尔夫斯堡Phaeno科学中心（德国，2001）混凝土的外壳充满了质感，斜角的集中玻璃采光窗以及大大小小错落别致的风景窗相映成趣，营造出独特的魅力。建筑师希望进入科学中心的人都能够体会到某种复杂的、不可思议的感觉（图3-40）。

在这几个项目当中，材料的对比都是设计表达的重点。通过不同材料的对比可以强化不同材料的特殊属性。材料之间相互作用，形成有视觉张力的对比搭配。

3.1.3.4　混杂型——多种要素

混杂是一种"偶然性"和"临时性"的纹理表现，所达到的效果比较具有戏剧性，能够混淆观察者的视线而引起其分辨的快感和欲望，因而在当代建筑表皮中频繁出现。混杂常常和视觉元素自身的形状、材料质感的变化联系在一起。这种方式往往也是一种观念的呈现，通过图像化的混合，揭示建筑物内在的象征含义。这种质感的混杂一种表现为不同质地材料的并用；另一种表现为表皮构成的自由变形，形成一种新的表皮肌理。

（1）材质的拼贴　每种材料具有各自不同的属性与视觉表现特征。充分利用各种材料的本性与真实性的基础上，将多种不同色彩、纹理、质感的材料同时呈现在一个建筑表皮当中，达成不同材料之间相似性和差异性的"共识"，探求并发现不同材料之间隐匿的一致性，达到建筑形式的更新。

位于澳大利亚墨尔本的联邦广场（墨尔本，2004）是一个表皮设计的典范。建筑立面按照几何学原理以三角的形状使表皮各个方向的视觉效果各不相同，而这样的网状结构使建筑外形格外生动活泼。三种材料：澳大利亚石、锌制板材以及玻璃的交替使用，与三角形的肌理，彰显了不同材料之间的冲突，在混杂中暗示了秩序的存在（图3-41）。

（2）构成的随机 自由化表皮的构件表现出明显的不规则性组合，表皮各要素的大小、聚散等形成视觉上的创新，造成某种新的视觉感受，表达丰富的表皮审美情趣。这种构成组合看起来是随机的，它们的目的要么是表达建筑情感的扭曲和破裂，要么就是形成视觉冲击，成为建筑形态的主题。

图3-41 澳大利亚墨尔本联邦广场[92]

由丹尼尔·里勃斯金（Daniel Libeskind）设计的德国柏林犹太人博物馆（德国，2005）称得上是浓缩着生命痛苦和烦恼的稀世作品：反复连续的锐角曲折、幅宽被强制压缩的长方体建筑，像具有生命一样满腹痛苦表情，蕴藏着不满和反抗的危机。建筑采用折叠多次、连贯的锯齿形线性平面。相互离散、游离的处理手法，不仅贯穿这座博物馆的空间，而且清晰地表现在建筑表皮之上。建筑表皮整体风格呈破裂状，表面被钛合锌这种持久、坚固的金属所覆盖。0.8mm厚的锌板立边咬接墙面，锌板原板幅宽600mm，咬接完成后带宽530mm。板面上看似随机地出现断续的斜线和破裂的点。这种穿插的斜线和零散化的构图意味着对常规原则的反抗，使破碎、扭曲的感觉呼之欲出（图3-42）。

图3-42 柏林犹太人博物馆[93]

手法类似的还有由赫特尔建筑事务所设计的埃克·阿布·撒拉蜂房（奥地利，2006）。这是一个以养蜂为副业的教师兼社会学家的住所，是一个底面边长15m的简洁立方体与地面相互作用的结果。建筑外表皮以铜板包裹，同时留有面向景观的开口。铜的材料特性使建筑表面随着时间的推移由暗红色变为蓝绿色，外墙上破裂的开口既成为建筑外观的重要特征，又为室内的人提供了观赏景观的特殊景框（图3-43）。

图3-43 埃克·阿布·撒拉蜂房[93]

3.1.4　表皮材料的色彩呈现

基于色彩对人体构成的心理作用，建筑是利用色彩的基本原理，以不同的色彩突出建筑不同的特征，使人们对不同色调的建筑产生不同的心理感受，从而触发人们对建筑的不同理解和释义。恰当的色彩运用，不仅能够创造出更丰富的视觉效果，而且能够更充分地体现建筑所要表达的视觉内涵。

不同色调给人的心理感受是不同的。冷色包括蓝色、绿色、紫色等。象征着冷峻、沉默或高贵、优雅。主要应用于高层办公或文化建筑当中，强调建筑与人、建筑与环境之间的距离感。暖色：以红色、橙色、黄色等为主。能给人温暖、抚慰的感受。以暖色调为主的表皮形象，拉近了人与建筑的距离，因此，许多居住建筑、商业建筑等与人的关系较为密切的建筑类型，多以暖色调表皮为主，增强了亲切感。中间色包括黑色、白色和灰色等。灰色系表皮主要以砖、石、铝板等材料表现，色调或深或浅，给人以清冷、严肃或粗犷、奔放的感觉。中间色调的表皮经常用于办公、科研的建筑，表达了严谨的科学态度。有时也作为冷、暖色的补充色，共同形成表皮色彩。在此基础上，表皮配色还应该遵循以下原则：

（1）表皮色彩的整体性原则　建筑表皮的色彩既应该与周围环境的色彩相协调，还应该与单体其他部位的色彩相协调。当然，建筑与环境的整体协调，并不总是被动地融入，在某些特殊情况下，活跃的建筑表皮色彩也是一种积极的"融入"。

（2）表皮色彩契合建筑形态　表皮色彩的变化，通常应该与建筑形体同时进行，符合建筑形态变化的表皮色彩才更为合理，更容易被人理解。

（3）表皮色彩表现建筑性格　表皮色彩会对建筑性格起到烘托或暗示的作用。因此，适当的考虑表皮色彩对建筑性格的表现能够起到形式与内容相互促进的作用。

当代建筑表皮的色彩运用不仅仅拘泥于色调的倾向，而转向更加灵活、更加自由的趋势。表皮色彩成为表皮视觉表达的一种重要手段，通过大胆、自由、变幻的色彩处理，带给人们极大的视觉冲击，从而强化了表皮的视觉效果。

3.1.4.1　大胆的单一色——强烈的色彩刺激

当代建筑师用色十分大胆，为了形成强烈的视觉刺激，常常选用单一的纯色。这类建筑色彩简单，可以在周围环境中脱颖而出。单一颜色附着于简单体量，能够加强体量的纯粹感，而减少建筑的单调感；单一颜色附着于复杂体量，能够加强复杂体量带给人们的视觉冲击，强化体量的整体性。无论什么样的建筑体量，大胆的单一色，都可以带给人们强烈的视觉刺激。

（1）简单形体的鲜明建筑性格　简单的形体，通过简单、强烈的色彩，能够形成鲜明的建筑性格和戏剧化的建筑表情。由Vitruvius & Sons建筑事务所设计的条形码大厦（俄罗斯，2006）位于圣彼得堡一片住宅区的边上。这个社区一直颜色灰暗、乏善可陈。方案的整体构思是要为原先空旷的广场增添一些色彩和欢迎的姿态。建筑本身体量简洁，且有些波普。购物中心的名字"Shtrikh Kod"是俄语条形码的意思，建筑师采用模数网格平面为基础的钢结构，并采用型钢面板作为建筑表皮的材料。通过在建筑上作出以垂直狭缝和数字为形状的窗口，使建筑本身呈现出条形码的商品包装形态。鲜艳、简单的红色，以及戏剧化的建筑立面造型，使这个建筑给古老、灰暗的老城区带来了让人眼睛一亮的风景（图3-44）。

由格林图赫·恩斯特建筑设计事务所设计的布鲁诺·比尔格小学扩建工程（德国柏林，2006），以简洁的体量突出于环境。整个建筑包裹着彩色的穿孔铝板，鲜艳的柠檬黄色使建筑脱颖而出，十分醒目。表皮上尺寸不一、复杂交错的圆形空洞，更添加了小学校的活泼气氛。这样明快的色彩和廊下欢快的孩子，赋予建筑鲜明的性格特征（图3-45）。

（2）复杂形体的统一视觉效果　复杂的建筑形体通过大胆、单一的色彩，不仅可以统一多变的建筑形态，还能够强化建筑的特殊性。由Rojkind建筑事务所设计的雀巢巧克力博物馆（墨西哥，2007）整个表皮呈现出鲜艳的红色。它好像孩子们手工折叠的纸鸟，颜色艳丽，形态怪异。在孩子们一进入这个有趣且令人惊奇的空间后，他们就会享受到愉快的体验，并开始他们的巧克力工厂之旅。在这里，参观者能获得一种新奇的体验，这来自于建筑感性的扭曲和折叠（图3-46）。

图3-44　条形码大厦[78]

图3-45　布鲁诺·比尔格小学扩建[40]

图3-46　雀巢巧克力博物馆[94]

3.1.4.2　自由的组合色——绚丽的色彩混合

（1）**色素的组合**　色素的混合是指大量的点状色彩组合在一起，根据色素的大小和色彩，组合成各种表皮肌理。色素混合的表皮色彩虽然每块的色彩不尽相同，且颜色艳丽，但由于每个色素表面积小，拼合在一起，不易造成突兀的感觉。可以通过调节每个色块的色彩，形成均质、渐变和突变的表皮图式效果。也可以统一色块的色彩倾向，使建筑表皮色彩融于环境当中，达到与周围环境相协调的目的。

由于玻璃的通透和纹理的丰富，玻璃可以产生十分鲜艳明快的色彩。因此，建筑师常常利用玻璃砖的色彩，拼贴、组合成变化丰富的表皮形象，从而形成绚丽的视觉感受。由Neutelings Riedijk建筑事务所设计的荷兰西尔维苏姆的视听研究中心（荷兰），呈规整的立方体形状，外表覆有彩色玻璃板。建筑师对建筑表皮色彩做了特殊的处理。每块玻璃板的图案各不相同，均为图像档案馆内保存的电视节目的画面，使整个建筑看上去色彩斑斓，仿佛是一个巨大的发光屏幕，创造了令人过目不忘的视觉效果的同时，也突出了视听中心的建筑特质。建筑内部，像哥特式教堂的染色玻璃窗一样，为内部空间注入大量的彩色光线。对于建筑南侧的办公区，建筑师采用了每隔两块玻璃就用透明玻璃来代替彩色玻璃的设计，使人们能够通过这个表面清晰地观赏到外部景观（图3-47）。

色素混合的表皮存在着不确定性。这恰恰是这一类表皮的魅力所在。由著名建筑师让·努维尔设计的西班牙巴塞罗那阿格巴大厦以其142m的高度、独一无二的形体和不确定的表皮，当之无愧地成为巴塞罗那天际线上一个标志性建筑。该建筑由两个混凝土制成的卵形管状结构通过水平钢梁的联系成为一个整体支撑着各层楼板，在混凝土的第一外层覆盖着土、蓝、绿、灰色调的铝片，而第二外层则是由59619片透明及半透明的、不同角度的片状玻璃所覆盖，两层表皮间隔70cm。最大限度地增强了内部空间的透明性，把城市景观导入建筑内部的视野之中，同时提供了隔热保护。随着太阳升起落下，建筑会呈现不同的色调，富有流动感（图3-48）。

色素不仅仅是点状的，只要每个色块的面积远远小于表皮整体面积，那么，就可以形成色素混合的色彩效果。德国建筑师布鲁赫·哈腾（Sauerbruch Hutton）是一个偏好强烈色彩装饰的建筑师，他的许多作品由于色彩的运用而受到人们的瞩目。布鲁赫设计的慕尼黑艺术区的布兰德霍斯特博物馆（德国），色彩缤纷的表皮使建筑被称为"一只来自天堂的鸟"。博物馆的立面由36000根竖直陶管组合而成，陶管涂有23种不同色调的釉彩，4cm×4cm的陶管被置于带水平色带的穿孔铝板前面，虽然釉彩的颜色鲜艳，但由于每个陶管的尺度较小，远远望去，建筑表皮仿佛披上了一件色彩绚丽且柔美的薄纱。当阳光照在建筑表面，光照角度、强弱变化、表皮色彩也随之改变，建筑的彩色外衣处在不断变化之中（图3-49）。

（2）**色块的搭配** 大面积的色彩搭配可以使建筑表皮呈现强烈的冷暖对比，通过这种对比，可以起到强化视觉效果的作用。色彩总是暗含着一些情感在里面，因此，色块的搭配也能够使建

图3-47 荷兰希尔维苏姆视听研究所[59] 图3-48 巴塞罗那阿格巴大厦[95] 图3-49 布兰德霍斯特博物馆[96]

图3-50　德国马格德堡的实验工厂[98]

图3-51　日本某建筑[97]

筑具有更加鲜明的性格特征。

德国马格德堡的实验工厂的表皮色彩设计充满了异国情调（图3-50）。建筑北立面和南立面使用半透明玻璃，东立面和西立面与铝板屋顶连为一体，好像一张巨大的彩色"毯子"覆盖在外形起伏的建筑体形上。醒目的色带顺应表皮的走势，从建筑体量较高的部分一直延续到低的部分，不仅使建筑的各个体量统一协调，而且确保了该建筑的标志性。类似的还有日本的某建筑（图3-51）。为了突出建筑效果，建筑表皮采用色彩作为主要装饰手段，反映了在形式美作用之下，色彩所起到的无法预料的视觉效果。此处姑且不谈这种表皮处理手法的优劣，仅从手法考虑，色彩不失为一个丰富建筑表皮、突出建筑形象的有效手段。

色彩具备诸多功效，使其在建筑形象的表达中有特殊的调节作用。但在色彩组合设计中，要重视建筑的功能特点，有意识地运用色彩，突出建筑中的关键要素，弱化次要元素，关注视觉效果带给人们的心理感受。

3.1.4.3　变换的技术色——虚拟的色彩变幻

科学技术研究色彩很少是静态的或是无变化的。在建筑表皮的色彩设计中，利用先进科技和表皮材料，加强色彩的变幻，给建筑表皮增添魅力。在20世纪中，电子技术和信息对于文化的控制力越来越强，这种持续的显示状况自然也影响到了建筑的风格。

（1）影像技术的应用　媒体影像技术和数字技术表皮动摇了现实建筑中表皮的真实性，高清晰电子屏幕、虚拟现实装置、视觉图像、文字符号都可能作为一种特殊的"建筑材料"成为表皮构思的源泉。表皮犹如一块巨大的屏幕，可以随时改变表皮的影像。媒介成为表皮的材料，而表皮成为媒介的载体。建筑表皮所传达的信息量成倍增加，其传播方式也大为改观。

瑞士布克哈特建筑设计公司在北京五棵松文化体育中心（中国，2008）的设计中，将建筑外墙设计成了大屏幕，具有不断变幻的虚拟色彩。建筑表皮作为纯粹的信息媒体，成为传达信息的重要渠道，具有强

烈的时代感。当人们聚集在它面前，全身心关注它所
传送的信息内容，被五颜六色、变幻无穷的信息画面
所吸引的时候，可能已经忘记了表皮的物质性。这一
手法将纯视觉化和信息化的元素融合到建筑精神里，
建筑表皮的魅力依靠影像技术得以彰显。这幢建筑不
仅仅是一座体育馆、一座奥运会的标志建筑，它同时
也是崭新的大众传媒工具，体现了一种未来的建筑精
神[99]（图3-52）。

　　（2）光电技术的应用　　通过向表皮的腔体内部充
入有色气体，利用电子控制技术、灯光照明技术，改
变表皮色彩。这种色彩的转变是在事先设定好的颜色
中转变。慕尼黑安联体育场（德国，2005）位于城市
北郊，整个球场看起来就像一个周长840m的发光气泡。
球场外表由2874个独立的ETFE长菱形的透明充气垫组
成，12个气泵站配置使气垫内部保持恒定的压力。通
过向充气垫内充入电控的五彩气体，建筑表皮可以呈
现出色彩丰富的效果。白天球场呈现珍珠母白色，夜
晚整个场馆表皮可以根据要求，由中心控制展现出红、
绿、蓝等不同颜色。因为安联体育场是慕尼黑两支俱
乐部足球队的共同主场，膜下的两种气囊在不同球队
主场作战时会分别发出红色、蓝色的光芒，远远望去
便可知道哪支队在主场比赛；主队进球时体育场外表
的灯光还将会加强。它仿佛是一个巨大的信息媒介，
向外界及时的传递球场内部的氛围，并以此带动更多
观者的情绪（图3-53）。

　　色彩是艺术的重要组成部分，一个时代的艺术如何
对待色彩，在很大程度上反映着当时的文化。康德在其
著作《判断力批评》中表示过"色彩能给基本结构带来
光彩，增加他们的魅力，从而以其特有的方式使作品看
上去更富活力。"然而，不同方式形成的色彩效果，对
建筑室内的影响是不同的。尤其是当表皮具有一定透明
度的时候，除了注意建筑外部的视觉效果之外，还必须
注意射入室内的光线色彩对人们心理的影响。不同色彩
的光线带给人们的心理感受是有很大差异的。

图3-52　五棵松文化体育中心[99]

图3-53　安联球场的色彩变幻[100]

3.2　结构表现——力学信息的传递

马塞尔·布劳耶在解释"为什么我们喜欢表现结构"时说："每个人都对去了解是什么东西在使一件事物起作用而感兴趣，都对事物的内在逻辑感兴趣……"[101] 结构是力与艺术的结合，结构的布置需要遵从力学法则。符合力学逻辑的结构本身即具有巨大的表现力。"结构表现"就是以建筑结构为主要表现手段，着重发掘建筑结构中由于力的存在而产生的艺术因素；即寻找力和艺术的结合点，变抽象的结构概念为生动的建筑语言。[102]

因此，笔者将结构表现的重点放在表皮要素的力学特征上，探讨结构与力学信息之间的内在关联。

3.2.1　结构的媒介性

（1）**结构的物质属性**　结构是其对于科学逻辑的理性表达，它是符号化的建筑语言，是力的作用的物化表现。力与力的相互作用是看不到、摸不着的，但结构的存在却使其变得可被感知。力学合理的结构能够使人感受到力与力的平衡，简洁、流畅的结构给人以直观、明晰的力学感受；均衡、稳定的结构给人以平稳、恒定的力学感受。不同的力的作用被具象化成不同的中心感、方向感和领域感，营造出不同的表皮效果。因此，结构的符号特征，使其成为建筑表皮力学信息传播的媒介。

（2）**结构表现的力学要求**　结构有四个基本力学要求：平衡、稳定、强度和刚度。平衡，表现在结构传力的简单清晰，使人感受到力与力的平衡。稳定，表现在结构受力的均匀合理，给人以形体的稳定感。由于力学的要求，结构形式必须保持均衡与稳定。奈尔维说："稳定性是最带技术性的，最基本的结构性质"。强度是建筑结构最基本的要求，也是力的美，表现了力在传递过程中形成支撑的视觉感受。所有结构都应该有足够的刚度，避免在外力作用下产生过大的变形。当材料刚性大时，建筑物易表现得坚固稳定；当材料刚性小时，建筑物则显得柔韧轻巧。由于形态的需要，而对结构作形态处理的时候，应该恰如其分、遵循受力逻辑。只有这样，表现出的力的信息才是科学、理性的。

（3）结构特性的力学感知　结构表现的手段有很多种，结构构件、结构逻辑以及结构化的体系，都能够反应出结构的力学特性。

结构构件的力学信息在于构件的简洁、流畅，给人直观、强烈的力学感知。如波形构件可以产生流动、跳跃感；悬挑构件则可以产生灵巧、腾越感，如此等等。对于建筑表皮而言，人们主要是通过结构外露部分的观赏，来领悟结构构思及其营造技艺，并以此获得结构所传递的力学信息。

结构逻辑的力学信息在于结构自身由于力学作用而产生的均衡与稳定、节奏与韵律。结构的均衡与稳定产生了形式要素之间视觉感知的平衡关系。使人在审美上产生视觉平衡的心理。结构的韵律与节奏可以使建筑形态具有该结构形式的一些基本特征，并获得极富变化的韵律感和节奏感。

结构化体系的力学信息在于整体结构所表达出的连续性特征。结构化的体系不仅可以提高结构的整体刚度，而且可以加强结构形式的曲线美，给人以流畅、轻盈、稳定的心理感受。

3.2.2　表皮分离暴露结构构件

表皮对结构有意的局部暴露，使结构成为表皮的构成元素，从而突出结构的美学价值。建筑结构由众多的结构构件组合而成，在实际设计当中应该选择那些能够展示建筑个性的构件进行暴露，只有这样才易于产生美学效应。例如结构转换的节点、结构的端头、侧向支撑结构等。在表皮设计的时候，应该从整体出发，慎重地处理结构暴露与隐藏的关系。外露部分结构的技术加工与艺术处理必须有一个明确的意图。应该通过结构的外露而形成什么样的视觉氛围，显示什么样的建筑性格，给人们一种什么样的视觉感受等。同时，也要避免刻意的暴露结构，应通过有技巧的外露结构而"表现结构"，根据建筑物的使用性质，结合结构形式、结构用材以及结构部位的不同情况，采取灵活多样的艺术处理手法，才能表达出恰当的视觉效果。

结构元素的表现主要来自两个方面：主结构和表皮结构。当表皮依附于建筑主体结构，或有独立的表皮结构且依附于主体结构的时候，可以采用点式或面式局部暴露结构；当表皮结构与主体结构相对分离或表皮具有相对独立的结构体系时，可以采用分离式暴露结构的方法。结构视觉元素可以是直接裸露，也可以覆以透明材料形成视觉暴露。在主结构形式不变的基础上，通过对表皮构成的处理，可以丰富表皮的视觉效果，突出结构构件的美学价值。

3.2.2.1 "点式"暴露

点是构图中比例较小的构成元素，点状要素更容易从背景中独立出来。建筑表皮设计时对这些部位进行特殊处理，形成关注点、趣味中心。这些点式构成要素对引导人们的视觉关注起到重要的作用。建筑师有意造成表皮"断裂"的效果，从而通过这些点透露出结构信息。使结构元素在这种对比中成为视觉的焦点。这种点式构成的特点在于：（1）暴露面积较小，仅暴露出表皮结构或主体结构构件；（2）作为表皮的构成元素，与其他构成元素相互配合，起到强化视觉效果的作用；（3）采用对比的方式，突出结构与覆层的审美差异。

位于日本筑波的千叶柏市大学车站造型独立且新颖。表皮成波浪形，波浪的弯曲部分由GRC（玻璃纤维加固的水泥）制成，长度为2~5m，固定在5m的钢结构上。由于资金的问题，建筑外形不能有太多的变化，但建筑师的设计非常巧妙。建筑内墙与外墙分别采用同一构件的正反面安装，外层喷漆，使表皮可以自然分解污垢。将完整统一的波纹形覆板局部开洞，暴露出内部的结构。底层裸露的结构形成廊下灰空间，解决了疏散的问题；上部裸露的结构形成了通风口或窗子，解决了通风与采光的问题。裸露的结构使原本单一的表皮立刻活跃起来，支撑结构的竖向构件与波纹板材的横向纹理形成对比，大大丰富了表皮的视觉效果

（图3-54）。

　　另外，在表皮有序的肌理中，覆层局部缺失，暴露出内部的结构杆件，也是点式暴露常用的方法。通过对结构视觉元素作形式上的处理，表达出技术逻辑和杆件构成的美学效果。通过虚实对比以及对表皮未暴露结构处的暗示，建立起肌理间的某种内在联系。带给人们丰富的视觉效果的同时，提示了相似单元的构成逻辑。位于澳大利亚墨尔本的联邦广场（2004）是一个表皮设计的典范。澳大利亚石、锌制板材以及玻璃三种材料交替使用，都纳入三角形的网格体系之中。使建筑立面呈现出色彩缤纷的不同方向的视觉效果。不仅如此，建筑师还特意创造了某些覆层缺失的景象，在三角形的肌理下，裸露出内部的结构。这种方式不仅加强了表皮材料变化的丰富性，表皮面层与结构杆件的对比更加剧了表皮视觉效果的戏剧性。建筑的颜色偏锌灰色，具有良好的抗外界腐蚀性能，使建筑表面便于维修和保养（图3-55）。

3.2.2.2 "面式"暴露

　　同点式暴露不同，在多跨度或多层高上形成对结构大面积的视觉暴露，不仅可以创造出丰富的视觉效果，还可以展现表皮内部的空间构成。这种方法常常从满足功能需要的角度出发，暴露结构的部分一般承担着附加的功能要求。结构外常用透明或半透明玻璃等材料覆盖。暴露的结构经常采用形式处理，从而展现出结构的技术审美。

　　位于英国莱斯特的John Lewis百货商场及影城由FOA设计。商店的大面积表皮设计成带有图案的双层玻璃幕墙。图案汲取了城市与品牌的历史文化，商店内部和城市之间的透明度可以通过图案得到控制，创造出如纺织品般无缝的覆盖层。这个百货商店与隔街相望的Shires购物中心相连，共同组成一座建筑。在连接处以及连接处所在的层，百货商场上下部分的表皮断裂开来，裸露出表皮的结构构架。构架与连廊连为一体，形成交通和休闲空间。裸露的结构暗示了建筑内部不同的功能分区，以及两幢建筑之间的联系；表皮的差异不仅丰富了建筑的视觉效果，更体现出建筑的现代感与技术感（图3-56）。

　　在高层造型艺术中，有许多将高层建筑结构的技巧性与建筑表皮的艺术性结合得很好的例子。一座高层建筑往往在人们对其结构的精巧构思和高超建造技艺有所了解、有所感触后，才更增

图3-54　千叶柏市大学车站[22]

图3-55　澳大利亚墨尔本联邦广场[103]

图3-56　英国John Lewis百货商场[63]

强了它的艺术表现力与感染力。因此，表皮与结构的结合，使人们在领悟结构构思及其营造技艺的同时，获得美的艺术感受。表皮材料与结构的逻辑变化形成强烈的对比，达到结构与表皮的多元共生。建筑师在暴露结构构造的同时，增强整座建筑的技术感，使建筑具有强烈的现代感和标识感。

3.2.2.3 "体式"暴露

形成多层界面，或建筑表皮脱离于建筑主体结构。分离出来的次级结构与主体结构有直接的物理连接。暴露的结构功能体可能是梁、柱、楼梯等构造。这种方法的特点在于：结构视觉元素空间化暴露，因此很容易成为整个建筑的主要特点或形式中心。

圣·尼古拉斯敬老院（德国，2001）设计之初即十分重视它的功能性。建筑外表处处传递出热情与好客的信息。建筑表皮采用木材、玻璃和钢材组合而成。正立面脱开建筑主体，暴露出楼梯以及立面后的主体结构，暴露出的结构体与主体结构通过杆件连接在一起，不仅形成了具有引导性的空间，而且表现了建筑精湛的技术性（图3-57）。

表皮层间分离的方法不仅通过表皮与建筑主体分离的方法创造了独特的建筑造型，这种处在夹层中的空间狭长且光影变化丰富，给人带来特殊的空间感受。如意大利罗马"大赦年"教堂，建筑最显著的特点就是它的石材外表和它的开放性。表皮的弯曲面采用的是一种特殊的含钛水泥（Tx Millennium）呈白色，内部填充的是卡拉拉（Carrara）大理石和钢筋混凝的巨型预制石块。弯曲面之间形成的倾斜空间延伸了教堂内部空间的感受，将外部

图3-57 圣·尼古拉斯敬老院[22]　　　图3-58 "大赦年"教堂[22]

景色引入建筑内部，也通过这种分隔方式，使内部空间变得更具有深度感（图3-58）。

3.2.3 表皮形态反应结构逻辑

结构体系直接反映在表皮上是一种轻修辞、重逻辑的表现手法。结构形态即表皮形态是大跨建筑比较常用的设计方法；结构构件即表皮肌理显示了结构构件本身的逻辑美，对于体系化的高层建筑造型艺术来说，具有重要意义；从结构技术角度出发，将结构的受力逻辑反映在表皮上，达到了技术与艺术的融合。

3.2.3.1 结构逻辑即表皮形态

这种方式多见于大跨结构体系。主结构直接暴露成为建筑的外观。从根本上，表皮形态就是结构形态。建筑的形式美就是结构美。这类建筑当中，结构是主导，表皮与结构是共生、共存的关系。

这类建筑从整体构思到细部处理，都遵从力学原理，主结构形态既是形态的主导也是空间的主导。一个恰当的结构体系能够适应建筑功能、体现科技含量、表现时代特征，但结构本身往往缺乏地域特征或文化符号。因此，这类建筑还需要通过结构加工，或表皮辅助的方法，多元化地体现建筑的内涵。

由久米设计的长野冬奥会体育馆是个以M-Wave为主题的综合体育竞技中心（日本，1996）。屋顶由一系列"悬浮桥梁"单元组成，每一个悬浮桥梁由钢板和信洲落叶松木薄板组成，跨度达到80m。悬浮桥梁梯田式的排列产生了山脉连绵起伏的效果，使人们联想到长野的山脉。力的表现往往借助从客观环境中提取出来的形式，这些形式的基本概念是与人对形态的知觉力相对应的。悬浮的薄板、拱形天花板和格子状的墙壁，向下和向外伸展，形成了一个内部空间。空间里面的部分是动态的，而且由于木材的使用而具有保温性（图3-59）。其实，这种形式美就是结构构件及它们的组合所表现出来的构成美，简洁、流畅，不需要通过其他媒介表现建筑本体的视觉感召。这种结构的形式美给人的印象是直观强烈的。

与长野东奥会体育馆的结构有着异曲同工之妙的中国宜兴市体育中心（体育馆和游泳馆）于2007年1月建设完成，两个馆作为一个整体设计，通过公共空间连接。建筑整体造型为层叠的马

图3-59　长野冬奥会体育馆[104]

图3-60　宜兴市体育中心[105]

图3-61　美国夏威夷浪之花旅馆[107]

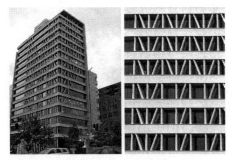

图3-62　西班牙埃迪菲西奥大厦[108]

鞍形曲面；巨大的屋盖既是建筑的主体结构，也是建筑的表皮形态（图3-60）。

结构的布置需要遵从力学法则，力学法则的理性逻辑常常使结构形体表现出均匀、稳定的视觉效果。因此，符合力学逻辑的建筑结构本身就是具有形式美感的表皮形态。

3.2.3.2　构件逻辑即表皮肌理

安藤忠雄曾说：建筑是以"几何"来表现世界的艺术。柱、梁、索、拱等结构构件都可以构成不同的"符号和语言系统"。在建筑表皮上将这些结构构件作为"符号或语言"加以利用，不仅会加深人们对建筑物的视觉印象，而且还能在相当大的程度上体现建筑的特殊风格。国外称这种构件为"建筑-结构构件"。[106]

建筑的结构构件本身的形式美，以及装配构件排列组合后，由于比例、尺度、形体轮廓、阴影效果等形成的韵律感，对于体系化的高层建筑造型艺术来说，具有重要的意义。美国夏威夷浪之花旅馆就是一个典型的例子。建筑打破了高层建筑惯用的梁柱结构所形成的横竖分隔的表皮形式，而是采用了承重构件拱券形成了表皮肌理。拱券优美的曲线和受力逻辑，使表皮的符号系统既具有美学特征，又具有力学特征。另外，拱券的曲线在夏威夷这样一个海滨小岛，很容易勾起人们对浪花的联想。因此得名"浪之花"旅馆。统一的结构单元形成了强烈的韵律与节奏，建筑的整体形象也由于构件的逻辑而变得非常独特，带给人们力与美的联想（图3-61）。

将结构构件作为表皮肌理的方式在建筑设计中比较普遍。西班牙埃迪菲西奥大厦（Edificio Manantiales）立面上的竖向短柱以及斜撑都有传力的结构功能，根据受力分布，短柱的排列组合出现了差异。建筑表皮没有做过多的装饰，仅是这些短柱即形成了立面的节奏与韵律。虽然每个构件单元是很普通的角色，但在集聚的构成中却显示着极其丰富的作用。楼板的水平分隔、短柱的斜向线条，以及它们与玻璃幕墙的

虚实对比，形成了丰富且极有艺术特色的表皮形象
（图3-62）。

在当代建筑设计中，随着结构技术的不断创新，
富有韵律的结构构件的艺术表现越来越充满活力。通
过清晰可辨的结构系统和分工明确的传力构件来增强
建筑作品的可读性与震撼力已经成为表达建筑表皮的
重要手段，同时结构构件的几何特性也使表皮具有新
的时代表征。

3.2.3.3　受力逻辑即表皮图示

建筑表皮塑造的力学依据在于结构形态的力学特
征。当今结构技术表现已经发展成为一种艺术表现手
段，成为表皮构思的重要部分。它不再单纯从形式的
角度追求造型，而是以结构逻辑为出发点，造型创意
为目的，寻求技术与艺术的融合。[106]

美国明尼苏达州联邦储备大厦即采用了这样的悬
索结构体系。建筑主体结构为两个巨型支柱以及它们
中间悬吊的钢索。建筑师将这个结构体系清晰地反映
在了表皮形态上。钢索即位于建筑表面之上。钢索上
部表皮为玻璃幕墙，下部为墙体；上下两段不同的虚
实对比，使受力逻辑的表皮视觉表达更加清晰。但建
筑上下两段并没有完全割裂，而是采用竖向分隔联系
在一起。由于采用了悬索结构，建筑底部是开敞的公
共空间，远远望去，大楼仿佛悬浮于地面之上。建
筑开阔的底部空间、坚实的顶部巨型桁架、精巧的
钢链索以及明亮的幕墙组合在一起，形成了一幢稳
重且风格独特的建筑，充分展示了结构的美学特征
（图3-63）。

伦敦布罗德盖特大楼与联邦储备银行大厦的表皮
原理相似（图3-64）。但它却是以与拉索受力性能截然
不同的承受压力的抛物线拱作为主要支撑结构，进而
表现在表皮之上的。大楼的立面暴露了结构的巨大钢
拱，并脱离建筑主体，通过钢梁与建筑主体连接在一
起。建筑下部是开敞的空间，让人产生"桥"的联想，而
且向人们暗示这幢大楼的内部空间是无柱的开敞空间。

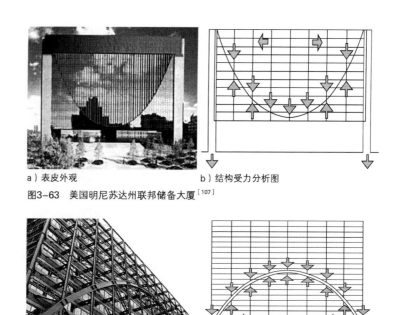

a）表皮外观   b）结构受力分析图

图3-63　美国明尼苏达州联邦储备大厦[107]

a）表皮外观   b）结构受力分析图

图3-64　布罗德盖特大楼[109]

建筑表皮清晰的受力逻辑、精细的构件做工以及不加掩饰的外部链接，不仅表现了建筑结构构思的技术逻辑，而且传递出理性艺术的审美感受。

总的来说，以结构为表皮视觉主题的设计方法，都是突出理性、轻视装饰的表皮设计方法，传递的信息也更倾向于技术逻辑。

3.2.4　表皮消隐暗示结构信息

当各种透明材料开始成为建筑表皮时，建筑内外的边界被淡化了，而更重要的是，人们可以在物质的一侧看到另一侧的内容。表皮内部的空间信息，转化为表皮信息的内涵得以传递。

3.2.4.1　暗示结构主体信息

大面积的透明界面完全改变了人们对空间、体量和支撑的概念，以往强调实体的建筑观和静态的空间观发生了变化，开始向往自由流动的空间。建筑内部的结构体系以及人们的丰富活动成为透明表皮的真正视觉内涵。基于这种需求，表皮的节点构造被设计得越来越精巧，许多支撑或连接结构被设计为构件极少的静定结构。具有观看价值的结构主体却被设计得越来越丰富，结构体系本身就是建筑师设计理念的传达。给以观念主导形式的当代建筑注入了新的内涵，结构观念的更新，使表皮具有了独特的视觉内涵，从而有了独特的当代建筑语言。

仙台媒体中心（日本，2000）由日本建筑师伊东丰雄设计。伊东赋予这种表皮一个专用词："透层"。通过建筑的"透层化"，伊东丰雄追求一种界线模糊、体量轻盈以及飘浮和朦胧的精神体验。为突出表皮的轻盈感，透明玻璃幕墙在转角处没有与邻近的立面相交，玻璃的边框也超越体量、自由伸展。透明的质感和连续的空间，一种直视建筑剖面般清晰的视觉印象就此形成。外表的消隐呈现出建筑内部独特的结构形式。13个"管"柱是由一系列束状细钢管组成；做为承重杆件它们与一般的钢筋混凝土实心柱截然不同，每束钢管之间彼此分开，通过不同高度横向环绕的钢管组成一个"柱"的单元。这些管束不仅具有支撑作用，而且形态构成优美，空间体系容纳了丰富的建筑内容。不仅如此，空间化的结构单元蕴含了丰富的建筑空间，如：穿梭在管柱中央的电缆、管道和数据传送带，被管柱包裹的电梯、楼梯间、运送食物通道等。透过通透的建筑表皮，建筑结构以及其所包涵的建筑空间一览无余；不仅传递出独特的结构信息，而且丰富了表皮的视觉内涵。除此之外，表皮本身具有优越的物理性能。建筑南面采用了特殊的双层玻璃装置，夏天位于屋顶和地下二层的机器装置开放，双层墙内释放出逐渐上升的空气流以降低墙表面的温度，从而减少空调能耗；冬天这些装置将被关闭，双层墙中成为空气的密封层，这又减少了暖气的能耗（图3-65）。

a）建筑外景　　　　　b）结构模型

图3-65 仙台媒体中心[110]

可以说，是表皮构造与建筑主体结构、表皮影像与内部空间活动的视觉叠加，才真正是表皮的视觉内涵。建筑看上去像个转瞬即逝的全息幻影。白天，玻璃外墙在阳光的照射下几乎消失，看到的仅是天空里的朵朵白云；晚间，在泛光灯的照射下，不同楼层在不同时间内交替呈现不同的色泽，建筑似乎幻化成纯粹的光影。从这个漂浮的表皮上，人们可以觉察到新技术下的建构关系对自然的回应、对信息时代的回应、对现代性的生动演绎。

3.2.4.2 暗示结构构件信息

材料的运用逐渐多元化，不仅通过消隐的建筑表皮暴露出建筑的主体结构以及建筑内部的空间活动，建筑的各种结构构件也被渐渐裸露出来。这些构件也许是交错的钢铁桁架、也许是巨大的运输管道、也许是工业化的楼梯，它们或者呈现出结构主义的暴露，或者表现出工业化制作的精细。很多将工艺精湛的楼梯紧贴在表皮之后，既成为表皮的支撑构件，又称为表皮的视觉要素。楼梯特殊的交通功能，以及竖向联系的形态，使表皮也具有了方向感。同时，人流的涌动，为表皮加入了时间要素，表皮信息不再是静止的，而是动态的。

由蓝天组（Coop Himmelblau）设计的德国德累斯顿UFA电影院，表皮由半透明的金属网形成，内置倾斜的楼梯贯穿整个立面，楼梯也是由金属制成，与表皮材质既存在差异，又相互协调。表皮下部随阶梯的上升而自然曲折，使表皮与楼梯仿佛都漂浮在空中。表皮上部则不在一条水平线上，造成建筑破损、断裂的假象。整个表皮充满线性的延伸和交叉，充分表现出蓝天组解构主义的设计理念。在此，表皮只是外部的一层半透明的面层，表皮的真正目的是通过表皮的消隐传递出内部结构构件的视觉信息。内部与外部信息的叠合，才是表皮视觉信息的真正内涵（图3-66）。

图3-66 德累斯顿UFA电影院：若隐若现的楼梯[97]

仙台媒体中心的西立面也采用了类似的手法。不同的是，媒体中心使用了不透明的水泥条板，透过条板的排列间距隐隐露出表皮后面开敞的楼梯。东、北面的外墙尽管框架相同，手法类似，但使用了各种不同的材料，因此形成了不同的效果。作为一个表皮系统，它们又共同在视觉上透露出建筑结构的主体信息。这种表皮与结构叠加的处理手法，暗示了整个建筑开放、理性、诗意的创作理念（图3-67）。

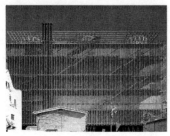

图3-67 仙台媒体中心：西立面隐约可见的结构[110]

3.2.5　结构化表皮的力学表现

密斯所宣扬的建筑"皮与骨"分离的原则被奉为早期高技派建筑的圭臬，引导了建筑师、工程师与生产厂家的密切合作。但是，建筑师认为这并非技术、理性与艺术表现之间的唯一选择，因为过分强调建筑"皮与骨"的分离带来了能源与材料上的浪费，也束缚了建筑师技术表现的发挥。当代受技术理性思维熏陶的建筑师，借助数字技术走出了一条有效的表皮结构路线，将结构和表皮整合在技术合理性之内。此处的表皮结构既是表皮自身的结构，也是建筑的支撑结构。而表皮作为"皮"的视觉感受则得到加强。

结构化表皮的肌理体现了建筑的结构特征：第一，呈现明晰的受力体系。主次明确、层次分明，给人真实、有生命力的审美感受。第二，凸显肌理及节奏的韵律。结构化表皮的外观韵律主要源自同类材料以同类结构形式的大量重复，既实现了整体形象的统一感，又具有肌理美的细腻感。第三，表现节点的细部构造。"节"是表皮的基本构造，精致的节点使观者在享受工艺美感的同时，必然深入体味到凝固其中的设计与建造过程。

3.2.5.1　短线穹顶法

"短线穹顶"结构表皮的先例首推美国建筑师富勒（R.B.Fuller）1967年设计的蒙特利尔博览会的美国馆（图3-68）。该建筑是一个直径76m的四分之三球体，建筑的表面是短线穹顶结构。外层为三角形的焊接钢管单元，内层为六角形的钢管网格，内外层网格之间由无数透明的塑料微型穹顶密封，具有复杂而良好的光学品质。结构坚固，不仅可以抵御强风和巨大的温度变化，而且可以通过透明和灵活的结构化表皮控制内部小环境。

单个的穹顶体量比较单一，多个穹顶的组合却可以形成富于变化的建筑形态。由英国建筑师尼古拉斯·格雷姆肖（Nicholas Grimshaw）设计的英国奥斯特尔伊甸园工程（英国，2001）是一座植物展示中心，位于英国西南部的康沃尔伯爵领地的一个古老的黏土矿区。一系列相互连接的巨大温室（Biomes）需要被设计成轻盈的结构，因此建筑师们采用了四氟乙烯（ETFE），它可以

a）表皮外观

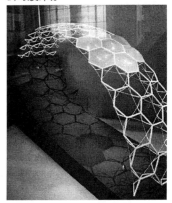
b）短线穹顶结构示意

图3-68　蒙特利尔博览会美国馆[111]

a）表皮外观

b）表皮细部

图3-69　伊甸园工程[112]

有力地支撑起巨大的温室。ETFE不仅坚固、轻盈，而且具有良好的透光性和隔热性。另一方面，建筑的外形为拱形屋顶，这就可以在面积不大的基地上建起体积可观的建筑。六边形的基本单元组合灵活，有较强的地形适应性。从一开始，建筑与景观即协同作用，通过对Biomes以及它们之间连接处的精心设计，创作出突出建筑与环境视觉连续的连拱造型（图3-69）。

这种方式的表皮结构突破了结构构件的力学表达形式，把空间网架用在建筑的整个表面，使建筑外壳形成完整的表皮体系，消除了建筑物的墙和屋顶的区别，在空间上和视觉上产生了明确、统一的模式。单元构件之间的组合非常灵活有效，形成的建筑体型的组织也非常灵活。

3.2.5.2　空间包裹法

表皮空间包裹突出了建筑形态的整体性。在传统的建筑设计当中，通常将建筑外表分解为五个"立面"，各个立面之间互为整体又相对独立，而表皮的空间包裹法则将建筑外表面作为一个整体来考虑。这种包裹行为使它产生与主体结构脱离、自成体系的需求。一般的，主结构为独立的功能体，结构类型不限；亚结构体为表皮结构体系，多为轻型大跨结构，具有独立或半独立的特性。在空间关系上，主体结构与表皮可以完全脱离。在此，表皮获得了绝对的自由，具有了完全意义上的独立。它将建筑的其他元素完全包裹于其中，并与建筑主体有了空间意义上的分离，表皮的形体并不反映内部主体结构的形态。但在建筑表皮谋求自身独立、完整的同时，也牺牲了传统意义上形式与空间、形式与功能、形式与结构等的对应。

空间包裹的方法使屋顶和墙体连为一体，表皮层就像罩子一样，将建筑的内部结构全部囊括在其中；内部形式虽然是灵活多变的，但外部表皮却是整体、统一的。表皮与主体之间常常形成较大的共享空间。以当代技术为主，多用于大型建筑当中，形成完整独特的外观。不仅如此，这类表皮还可以解决新建筑与旧有文脉呼应的问题。这种设计手法，代表了一类建筑师对建筑与环境所作的另类思考。

由保罗·安德鲁设计的中国国家大剧院毗邻天安门、人民大会堂、长安街等一系列北京城最重要的保护建筑。为了规避对这些传统建筑的干扰，建筑师采用了最极端的方法，即利用建筑表皮，将建筑内部复杂的功能需求和体量全部遮盖起来。椭球形屋面主要采用钛金属板饰面，中部为渐开式玻璃幕墙。东西轴长212.20m，南北轴长143.64m。椭球壳体外环绕人工湖，大部分建筑体量位于地下，各种通道和入口都设在水面下。银灰色的金属外壳以最谦虚的姿态半卧于城市之中，这个巨型蛋壳覆盖、庇护、包围和照亮着所有的大厅和通道（图3-70）。

　　由诺曼·福斯特设计的德国自由建筑大学语言学图书馆（2005）被称为"大脑"。是因为建筑外壳构成了大脑头盖骨的形状，而室内曲线形的平台形式则令人联想起大脑的沟回。建筑有内外两层表皮。外层立面穿插采用了留有气孔的镀银铝板和遮光玻璃，钢结构空间框架被漆成明黄色。内表皮由一层白色的玻璃纤维布组成，其间还分布着一些聚氟乙烯制成的透明膜板（图3-71）。

3.2.5.3　网状编织法

　　网状编织法是高层建筑主体结构中常用的方法，当代，这种方法开始作为表面组织手法介入建筑表皮和空间塑造中，追求表皮与结构的统一。编织，特指运用抗拉性能强的细长材料，进行

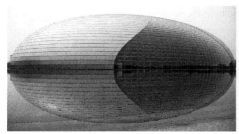

a）表皮外观

b）内部空间效果

图3-70　国家大剧院[113]

a）表皮外观

b）内部空间效果

图3-71　自由建筑大学语言学图书馆[78]

交叉排布组织的制作过程。编织操作使表皮从二维表面进入三维体系，即用一维的线组织二维表面并由于线的交叠缠绕使表面具有一定的空间深度。利用建筑材料暴露受力的逻辑关系，体现建造与制作的过程，并使之成为建构的表达形式。可以说，编织是通过巧妙的组织行为，利用最少的物质材料，创造灵活的内部空间的方法。

编织表皮常见的表现形式即是"网"。中国国家体育场"鸟巢"的构思就是从网状表皮出发，创造出交结缠绕的结构化表皮。虽然最终由于技术的原因，并没有完全达到表皮编织体系与结构体系的合一，但主体结构与附加次级结构共同形成了独特的编织表皮（图3-72）。

福斯特设计的英国伦敦的瑞士再保险总部大厦（2004）是结构化表皮高层实践的典范。这一建筑高180m，采用双筒结构。中心筒主要承载竖向荷载，外筒抵抗水平风荷载和地震力。所不同的是，外部筒体没有采用通常的垂直密柱，而是采用了密集的、螺旋上升的菱形格构。这一结构形式与建筑流线型的子弹造型十分吻合。它圆弧形的设计，使底部和顶部渐渐收紧形成曲面，将大厦的轮廓线最大限度地融入周围建筑和街道环境之中，并使底层广场能够得到最多的日照。大厦的曲线形设计不仅可以引导其周围的空气流动，而且使大厦取得了最大形度的自然采光和通风，将建筑运转的能耗降至最低（图3-73）。

近年来，结构化表皮的运用也扩展到一些小型建筑设计中，如维勒·哈拉（Ville Hara）设计的科基亚萨利岛动物园瞭望塔项目，将编织的理念表达得更为彻底。因项目基地高出海平面18m，故瞭望塔在赫尔辛基海岸线上十分醒目，这个构筑物就像一个蛋壳，主结构由72条截面为60mm×60mm的弯曲木肋组成，每根木肋由数根软木条压合而成，木肋以7种不同半径的整体扭转，在

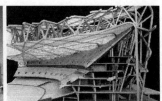

a）表皮外观　　　　　　　　　　b）结构性表皮与内部的关系[114]

图3-72　中国国家体育场"鸟巢"

　　现场用蒸汽熏制成最后的网状形态，木肋之间用不锈钢构件栓结。瞭望塔缜密的木结构在编织自身肌理的同时也构筑出一种结构体系，使"织"与"造"统一在建筑表皮中，并构筑出完整而生动的建筑形体（图3-74）。

　　编织材料的柔韧性使编织法形成的表皮常常具有曲面形态。

a）表皮外观　　　　　　　b）顶部编织　　　　　　　c）底部结构暴露

图3-73　瑞士再保险总部大厦[115]

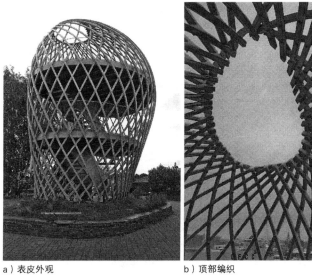

a）表皮外观　　　　　　　b）顶部编织　　　　　　　c）结构暴露

图3-74　科基亚萨利岛动物园瞭望塔[116]

a）表皮外观

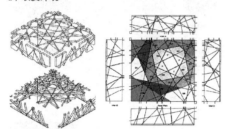

b）表皮结构生成

c）表皮形成的内部空间效果

图3-75　蛇纹石亭[110]

编织手法的自由性可以产生曲面曲率微小连续的渐变，形成柔和的曲面。计算机技术提高了复杂曲面编织的可操作性，同时创造出自由形态的建筑表皮。它们的弹性和动态构造打破了周围建筑的固定格局，通过编织的方法造成一种表面弹性的感觉，创造了全新的建筑外观形式。这些动态的造型本身就是对精确虚拟模型的物质转译。

3.2.5.4　骨骼交叉法

骨骼交叉状表皮是近年来涌现的又一类结构表皮。它们的结构本身往往组织关系复杂，不仅具有复杂的逻辑，还具有强烈的图式感。这些骨骼状的受力结构常常既不是竖直的也不是水平的，而是交错在一起，使表皮既是支撑结构，又是某种抽象图示。这些结构化表皮中，我们可以发现在技术合理性与艺术表现性之间存在着一种重要中介——建筑如同有机生命体般自治地存在。这些骨骼在此是指已被我们确认的有承重能力的材料，在承重系统中获得的一种与力在其中传递有关的，可通过建筑形态被我们感知或认知的材料。承重材料以图示化语言参与到结构体系之中，使新的建筑形态成为可能。结构性因其包含了图示语素，在我们的感知和认知中也具有了特殊的视觉效果。

伊东丰雄设计的伦敦肯辛顿公园蛇纹石亭（图3-75），其表皮同时承担围护与结构的作用；除此之外，空间内再没有其他的支撑结构。这个建筑采用了分形图案构成的连续表皮作为结构，围合成立方体造型。看似复杂无序的结构表皮是采用一套简单的几何规则反复绘制而生成的：在正方形的相邻两边中，从一边的中点向临边的1/3处连线，如此得到在原正方形内部的4条直线，并形成一个新的方形。通过6次运算，就得到了基本的结构构成。这些斜线从屋顶延伸到墙面，并成为受力体系。建筑体量简洁、表皮形态丰富、内部光影复杂。[1]建筑的内外空间和环境由于结构性表皮的存在而相互融合，结构在对空间形成围合的同时，实际上也打开了空间。

结构表现是一种重要的趋势，结构也是表皮信息传递的重要载体。通过结构与表皮共生的设计方法，使结构成为表皮的有效视觉元素，同时传递着技术信息与艺术信息。从更深层次上理解，在视觉上，结构性因其包含了受力的因素，故在我们的感知和认知中具有特殊的含义。从自由表现的空间围护到自我组织的自治形式，建筑表皮正通过不同方式参与文化环境与技术进步的表现之中。

3.3 构造表现——技术信息的传递

奥古斯特·佩雷曾经有一句著名的口号："构造即细部"。构造的形态表现往往取决于对相关技术和工艺的选择。不同的构造处理态度，能够形成不同的建筑风格。因此，表皮构造方式带有强烈的技术特征和个人风格，建筑师要选择恰当的、合乎逻辑的构造方式，体现建筑的品质。构造本身附着了整个建造过程中的技术信息，包括流线、工艺、元件等，甚至包括工人在组装过程中产生的劳动信息。随着科学技术的发展，构造方式与构造工艺在不断进步，这种技术变迁的印记，也间接地在建筑表皮的构造当中表现出来。

因此，笔者将构造表现的重点放在表皮要素的技术特征上，探讨构造与技术信息之间存在的内在关联。

3.3.1 构造的媒介性

（1）构造的物质属性 构造是一种可被感知的信息传递媒介，它需要符合技术科学的构成规律，不论对结构构造加以何种方法的处理，最终它总是以一定的外部形态表现出来。在建筑表皮的营造过程中，构造是其实现的必然手段，如何选择工艺、如何节约成本、如何适应环境，都需要借助构造技术来完成。随着建筑技术的不断发展，越来越多的建筑师在设计中更加关注构造的表现手法。构造主动参与到建筑设计中，成为设计构思的切入点，合理的利用构造可以使建筑更美观、更高效和更趋理性。因此，构造所潜在的物质性，使其成为建筑表皮技术信息传播的媒介。

（2）**构造表现的技术前提**　先要对构造创作，进行技术论证，然后再对其进行美学评价，经调整后得到最终成果。在这个以科学技术为主导力量的技术社会中，技术的工艺水平已成为当今建筑界的一个显著趋势。精致的工艺手法是对建材加工和建筑施工精度的赞美，是以实在的物质形式来歌颂这个美好的技术时代。

（3）**构造表现的技术运用**　在当代建筑表皮设计中，构造已经成为一种重要的表现方法，这种方法既与结构的秩序不同，也与建造的逻辑不同，它的表现力来源于技术与艺术的结合。

构造的技术审美。当代建筑师致力于挖掘构件的表现力，通过对构造本身的创造性制作以及其组合方式的变异，形成独特的表皮图式。以构造为主题，形成独特的表皮肌理。在此过程当中，构造单元本身以及构造的集合，成为信息的载体，以非常规的视觉形态，强化视觉焦点的同时，增加了表皮的技术特征。建筑师赋予构造的思想内涵以及使其实现的技术手段，都通过其形态的变异和数量的累积表现出来。

构造的动态技术。当建筑表皮上安装了一些非固定的构件，构造则表现出动态的技术信息。一般情况下，操控件由一个或多个部分组成，而且每个部分又可以被再次细分为两个或多个组成部分。这种划分与活动方式相结合，能够产生多种不同的情况，在表皮上形成丰富的视图语言。这种可变性，无疑强化了表皮技术的精细性。更重要的是，时间维度的增加，使信息的内涵极大丰富，建筑内部空间使用者的动态需求，从这些操控件的挪移当中透露出来。

构造的技术工艺。先进的工艺使表皮的细节呈现出更多的可能，极大地丰富了表皮细节，使技术信息表达得更加充分。随着科学技术的进步，工艺技术也有更多的选择。不论对结构构造以何种方法加以处理，最终它总是以一定的外部形态表现出来。通过视觉信息，传递给观赏者。越来越多的建筑师意识到构造的表现力，构造已经主动参与到建筑设计当中，并且成为表皮构思的切入点，展现其自身的魅力。

3.3.2　表皮构造组合的图式表达

随着科学技术的发展，建筑构造被先进的工艺技术推向了极致。构造作为建筑造型构图的基本元素，构件数量的累积、型材断面的利用、构造形态的变异等组合都使建筑呈现不同的图式语言，赋予建筑不同的个性。当代建筑构造日渐倾向于整合化和复杂化，而合理利用构造可以使建筑更加趋于理性。

3.3.2.1　构件数量的累积

构件数量累积是指同一构件在建筑表皮反复出现，通过自身的累积，获得表皮肌理的方法。构件累积形成的表皮肌理，由于构件本身的工艺特征以及杆件的精细连接，突出了建筑科技的力量。在某些情况下，这种累积比构造自身更具有表现性。为表皮创造提供了一种新的方式。

能够在建筑表皮形成图式语言的构件有多种形式，从各构件本身的特点，可分为功能性构件和装饰性构件两大类。功能性构件本身具有遮阳、排气、通风等实用功能，同时，借助它们的排列组合形成具有一定图示效果的表皮肌理；装饰性构件的形态千变万化，它们多是由设计师根据每个建筑作品，为了形成一定的表皮肌理设计而成的，以此来表达设计理念。但无论是哪种构件，由于构件尺寸很小，大量的累积必定形成建筑的整体感和匀质感；当这些构件有意识地排列组合，则可以形成强烈的节奏感与韵律感，从而突出表皮的视觉效果。

（1）表现二次肌理　材料的二次肌理是对材料非我性的一种表达，也就是在材料自我的基础上进行二次人工创造，通过构造的方式，改变原有材料的形状、色彩、质感等。在这个过程中，已经加入了人为的因素和技术的手段。或者是通过同一种材料的特殊构造处理，或者是通过不同材料的组合叠加，表现出不同的肌理质感，取得不同的艺术表现效果。这两个概念最初来源于化学领域，是对于物质晶体分子结构的描述。比如同为碳元素C，由于晶体形成结构的不同，可以组合成金刚石和石墨两种软硬、外观形态完全不同的物质。对于材料而言，通过构造方式所形成的二次肌理除了表现材料的固有特性之外，更重要的是增加了这种肌理的装饰效果以及材料本身所不能表达的视觉冲击。

　　由黑川纪章设计的东京国家美术馆（日本，2005）位于东京市中心，总面积达45000m²，是日本最大规模的美术馆。正面巨大的入口大厅被设计成动感十足、起伏波动的透明体，与机械化的空间形成强烈的对比。玻璃幕墙外侧有一层水平方向的玻璃百叶，百叶本身即为曲线形，通过锚固连接，形成连续的曲线。既顺应建筑体量，又强化了建筑表面的曲线形肌理。表面构件的精致，使这个巨大的体量具有精致的细节和丰富的变化。当周围浓密的绿色植被与美术馆一起，随着岁月流逝，成为森林中的公共空间，这个巨大的公共设施巧妙地融入时代都市的气息当中（图3-76）。

　　由建筑师弗伦克·西蒙和伊万·弗克瓦里设计的德累斯顿中央购物中心（德国，1978），至今给我们的震撼仍然不亚于当今新潮建筑师的作品。建筑师以本色铝板为原材料，通过折叠，形成一个多边形的构件，这个装饰构件在建筑表皮反复重复，构成整个建筑表皮的肌理特征。建筑简单的体块，通过特殊的构件而达到了丰富的视觉效果（图3-77）。

a）表皮外观　　　　　　　　　　　　　　b）构造单元

图3-76　东京国家美术馆[63]

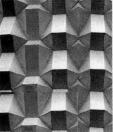

a）表皮外观　　　　　　　　　　　　　　b）构造单元

图3-77　德国德累斯顿中央购物中心[45]

（2）**表达设计理念** 格式塔心理学派认为在外部事物的存在形式、人的视知觉组织活动和人情感以及视觉艺术形式之间，有一种对应关系，一旦这几种不同领域的"力"的作用模式达到结构上的一致时，就有可能激起审美经验。当一些具有相似特征的构件元素累积在一起的时候，即成为某种意义的集合。此时，建筑表皮与建筑环境或建筑本体形成某种力的关系，表达出建筑师的设计理念。

由西班牙建筑师Rafael Moneo设计的海滨游乐场视听中心（西班牙，1999）位于河流与海洋交汇的一条狭窄的地带上。表皮由两堵玻璃墙组成，玻璃构件的尺寸是50cm×60cm，由上漆的铝制框架支撑；两堵墙之间间距2m，既可以相对独立，也方便维修。内墙的玻璃厚6cm，表面平整光滑；外墙面则是由三层被称为"Flutex"的玻璃构成，玻璃的总厚度为19mm。弯曲并轧制的250cm×60cm的外层玻璃嵌板，由4~5mm厚的透明弯曲玻璃构成，透明的PVB及经喷砂处理的"低铁"玻璃，就像海底的颜色。建筑宛如两个巨大的水晶体被搁浅在海滩上，似乎随时都可以漂走（图3-78）。

由中国建筑设计研究院设计的北京数字信息出版中心，采用抽象的穿孔金属板组合图案作为墙面的装饰语言。为了表达数字技术的规律性和重复性，金属条形构件无规则重复，形成电路图一般的图式语言；不仅丰富了立面形态，而且暗示了建筑的功能和数字技术的运用（图3-79）。

3.3.2.2 构造形态的变异

构造形态变异即建筑构造的形状发生非常规的变化。当代建筑构造常常采取抽象、几何的处理方式，表现立体主义、风格派和构成主义等建筑风格，从而获得趣味中心。构造变异的方式有叠加、积聚、重复、附加等。

（1）**窗** 任何一个建筑表面都具有采光、通风的需要。当代建筑师已经不再满足于传统窗的构造形态，而将其纳入表皮体系，通过构造的变化使其成为一个构成元素。

如洛桑理工大学研究楼（瑞士，2011年重建），覆盖了建筑立面、交错起伏的灰色金属网以5°向外倾斜。外窗如同半开合的小折叶在立面上依次排列展开。上下交错的构造手法带着极富韵律的节奏感，细密的纹理为内部空间过滤掉刺眼的直射阳光。在三扇竖向嵌板中，窗扇内凹或者外凸；与凸窗相对的两扇可滑动

a）表皮外观　　　　　　　　　　　b）表皮构造单元

图3-78　海滨游乐场视听中心[22]

a）表皮外观　　　　　　　　　　　b）表皮构造单元

图3-79　北京数字信息出版中心[45]

打开，藏于固定嵌板之后。这一切都让建筑成为一个层次丰富、充满了矛盾和统一的亮眼存在（图3-80）。

　　巴黎广场3号（德国柏林，2001）由建筑大师弗兰克·盖里设计，是DG银行、一家赌场以及39套商务间的所在地。建筑墙面由维琴察石料制作，大块的石材并列排置，使建筑整体呈现金黄色。特殊构造的建筑飘窗使建筑极具动态感和层次感（图3-81）。

　　另外，利用窗的变形作为表皮构成的元素，表皮其他部分为"底"，而变异的元素成为"图"，在平整的建筑表面，形成极具戏剧化的视觉效果。也是当代建筑表皮经常使用的活跃方法（图3-82）。有些元素的功能性仍旧存在，只是构造形态发生变化；有些元素的功能性已近消失，完全作为装饰而存在。笔者认为，建筑构造有其建造使用的本源性，人们可以通过这些构造进行基本的功能、空间、尺度等的判断。因此纯粹的装饰性构造应

图3-80　洛桑理工大学研究楼

图3-81 巴黎广场3号[22]

图3-82 格罗宁根新马蒂尼医院[63]

该尽量避免，防止人们对构造产生视觉误解，既误导了外界观赏者的判断，又影响了室内使用者的功能需求。因此需要掌握好构造变异的尺度。

（2）阳台　阳台是普通居住建筑的典型元素，但由于其构造形态的转变，使它们具有了更大意义上的装饰效果。通过元素的组合排列，使原本平淡的建筑表皮具有了戏剧性效果。阳台凹凸的体量造成墙面的光影变化，为住宅增添了层次和动感；在规则平淡的墙面上，特色化的阳台可使建筑鲜明突出，特殊的体量重复成为建筑的特色。就是这些在人们眼里司空见惯的构造，经过形态的变异，使建筑具有了新的个性特征。

MVRDV设计的阿姆斯特丹老年公寓（荷兰）立面采用7.2m的模数。为确保周围楼房得到足够的日照，13个单元就从北立面挑出，从而使地面空间能够得以开敞。这13套公寓每一套都从东西两个立面采光。阳台的颜色由住户自行决定，这些五彩缤纷、充满活力的颜色，也决定了整栋建筑的韵律（图3-83）。

海滨社会福利住宅，位于地中海气候区，因此室外空间与遮阳是重要因素。因此，建筑师设计了"半封闭"阳台。但与普通的阳台不同，这座建筑的阳台造型怪异且各有微差。各个住宅阳台的尺度和颜色也有所区别；部分与室内相连，既起到遮阳避光的效果，又具有良好的自然通风。在这里阳台构造的形态变异，既满足了使用功能，又使建筑立面活泼、独特（图3-84）。

以构造的常规几何状态为原型，经过提炼和变形处理，得到新的形式。这些抽象简化的构造，具有多重意义。建筑构造元素发生变异或者其数量累积表现出某种不规则性，打破了形式美的规律，产生具有冲击力的视觉效果。

a）表皮外观

b）阳台的构造变异

图3-83　荷兰阿姆斯特丹老年住宅[32]

a）表皮外观

b）阳台的构造变异

图3-84　海滨社会福利住宅[118]

3.3.3　表皮可控构造的动态表达

建筑表皮是室内外交流的媒介，一方面，它可以阻隔界面两侧的质与量的流动；另一方面，它的动态操作可以促进内外空间的交流。通过操控件的活动，可以改变表皮的通透率和立面外观，因此可控构造对建筑表皮起到非常重要的作用。

外部气候（天气、白昼规律、季节等）和室内变量（热源、稳定或变化的湿度等）之间的相互作用，导致了建筑的内环境通常与外部恶劣的气候条件有着极大的差异，而使室内更加接近理想的舒适度。开窗是促使空气、光线、热量和湿度流通的有效手段；根据要求，可以将窗户设计成各种不同的风格。于是，流通量的增加和减少就成为一种控制措施。因此，我们可以通过对各种不同组件的恰当操作，控制室内的气候。不仅如此，这些可控构件的变化，能够在表皮形成多种多样的视图语言，这些无声的语言，不仅暗示了建筑室内使用者的动态要求，而且使建筑表面具有可变性。

非固定构件的尺寸变化对表皮的构造功能和外观具有决定性的作用。一般情况下，操控件由一个或多个部分组成，而且每个部分又可以被再次细分为两个或多个组成部分。这种划分与活动方式相结合，能够产生多种不同的情况，使开窗区域也产生不同的特性。

由于这些体系与整个建筑的能源平衡相互作用，所以对建筑师来说，这种发展是一项迫切并且具有深远意义的任务。建筑师的角色就是要对整个建筑构成进行优化组合。通过这些可控构件的变化，可以改变建筑表皮虚与实的比例关系，甚至使界面虚的部分与实的部分发生置换，使其处在动态变化之中。另外，这些可控构件多是内部空间对采光需求的真实反映，通过外部构件的变化，可以反映出内部空间的使用需求，从而将内部活动映射到建筑表皮之上，使建筑表皮具有了使用需求的时间性（图3-85）。

3.3.3.1　可变的表皮虚实

近年来，在国内大量的建筑设计中，玻璃幕墙得到了广泛的应用。它既为人们提供了开阔的视野，又提高了建筑物的外观效果。但由于玻璃幕的温室效应严重，常常辅以可控的遮阳构造。这些构造在当代往往成为建筑造型艺术的一个重要组成部分。可控构件不停变幻的阴影及投影图案为建筑物提供了动态的虚实对比，增添了魅力与变化。这种具有"动感"的建筑物形象解决了人类对建筑节能和享受自然的需求。建筑外遮阳是建筑构造中对表皮虚实效果影响最大的一种。它们自身的形式、位置、尺寸等，直接影响到建筑外立面的虚实效果。

（1）机械化控制　操控件可以手动或机械控制，手动控制由建筑的使用者根据自己的需要处理。操控件装有机械驱动以后，可以自动控制。将各种不同部件相互组合，可以调节建筑外围护结构的通透率，不仅可以优化使用者的舒适程度，还能够对节约能源产生有利的影响。机械化控制的特点：控制精准、可以对大型构造进行操控、造价较高、需要专门的设备控制构造变化。

由建筑师Ernst Giselbrecht + Partner ZT设计的奥地利的凯富（Kiefer）技术展厅（巴特格莱兴贝格，2007）是一个不断变化的建筑。使用者在不同的房间内，适应环境和需求的变化而对表皮进行动态调整。建筑南侧的弧形墙面由56块2mm厚的穿孔铝板组成。铝板由电动控制，折叠遮阳。遮阳板与墙面间隙约600mm，通过钢构件相连。遮阳板可以根据需要进行不同角度的折叠。银灰色的铝板与深蓝色的玻璃形成强烈的虚实对比。当遮阳板完全落下的时候，建筑变成一个完整的白色金属表皮；当遮阳板完全打开时，建筑则变成带有水平遮阳板的深色玻璃幕表皮。除了封闭和开敞的状态，操控件也有中间状态。遮阳板有韵律变化可以在表皮形成各种各样的韵律或图示表达。既能形成以实为主的金属表皮，又能形成以虚为主的玻璃表

图3-85　通过可控构件的变化改变表皮形态与功能[44]

皮，还能够形成虚实相间的开窗形式。建筑表皮每天、每小时都展现出一张全新的"面孔"，建筑成为一个动态的雕塑品（图3-86）。

（2）**手动式控制**　特点是易于操作，可以根据每个房间室内的要求而灵活变化，节约能源；不足之处是隔热性能有限。常见的有百叶帘、百叶板等。通过调整百叶的转角来调节透过玻璃系统进入室内的太阳辐射热量，还可以根据不同的百叶形状，安装在不同位置，起不同的作用。手动式控制的元件多为每户安装，变化的面积较小，通常以点式分布于表皮各处，无法统一变化形成整体图示。当这种手法均匀使用的时候，由于构件的尺度，能够使建筑表皮产生精良的工艺感和丰富的细节；当这种手法呈韵律式布置，则可控构件本身即可形成表皮的特殊肌理；可控构件局部使用，变化的面积与不变的面积则能够形成强烈的对比，突出可控构件的灵活性，以及建筑内部空间的适用差异。

由Eduardo Souto de Moura设计的玛雅商住两用楼（葡萄牙，2001）位于城市新区，地面一层为商铺，上面5层为住宅。这是一座结构上具有整体性、构件组合严谨的建筑。建筑外皮采用铝质软式百叶窗，百叶窗固定在墙面上，可以根据窗户的开启程度以及需要，像帐篷一样随意的手动拉伸。百叶遮光情况、透光情况和完全收缩的情况，形成不同的表皮虚实关系，简洁的建筑体量，由于这些虚实变化而灵活起来，并且不断地处在变化之中（图3-87）。

3.3.3.2　可变的采光需求

过去，除了玻璃以外，也使用其他材料来充当透光窗户的窗芯，如动物的皮、帆布、雪花石膏、片状大理石等，虽然透光率时有变化，但窗扇一般都是固定的组件。15世纪以后，百叶窗才逐渐被用作玻璃窗的辅助设备，成为光线的可调节设备。近年来，操控件的活动机械装置的样式不断翻新，窗户的活动机械装置类型变得越来越丰富。

现在，我们可以根据操控件对空气、阳光、热量和湿气的控制来决定它们的可变与不可变。如果一个系统由多个不同活动元件组成，那么这些元件需要互不妨碍，所采用的活动部件就非常重要。立面各种元件的安装组合需要整个系统中各方面的有效配合，只有控制光、声和热变化的各个部件能够互相独立，才能最

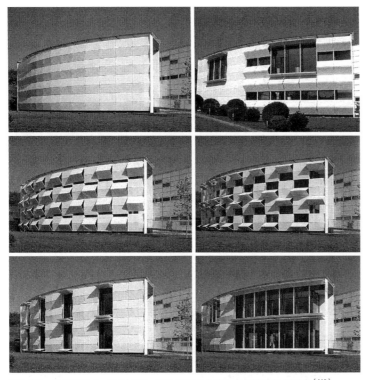

图3-86　奥地利Kiefer技术展厅：百叶不同开合状态时的建筑外部形态[119]

图3-87　玛雅商住两用楼：百叶不同开合状态时的建筑外部形态[22]

有效地调节室内小环境。

　　由让·努维尔（Jean Nouvel）设计的位于塞纳河畔的阿拉伯世界研究中心（法国巴黎，1987），作为一栋建筑内容固定的办公建筑，建筑师由表皮作为设计的出发点，在这个貌似呆板的方盒子表面做起了文章。建筑设计灵感源自于阿拉伯文化，是对一种精巧、神秘、蕴含宗教氛围的东方文化的赞美。他对清真寺建筑的雕刻窗很感兴趣，光透过这种窗户洒在地上形成了几何形、精确的、波动旋转的深浅阴影。这种东方美学启示他采用了一种如同照相机光圈般的几何孔洞，在建筑的南立面排列了上百个这样的以大光圈为中心、数个小光圈围绕的窗格结构，经过精密的设计，每个单元都可以根据天气自由地控制进入室内的日光射入量。排列非常规整和对位，使每个单元的构造都达到了一种夸张的精致程度。这样建筑的内外充满了变化多端的光影效果和宗教气息。或许是由于让·努维尔出生在法国西南终日阳光灿烂的福梅尔市，因此他对光这种可以丰富建筑表皮的重要元素有着深深的迷恋，他的许多建筑作品的表皮也大都跟光影有关（图3-88）。

由建筑师黑川纪章设计的Nakagin大厦（日本东京，1972）是一栋令人匪夷所思的建筑，大楼的每个单元都是事先预制好的模块，然后像搭积木一样叠加在一起，就成为一栋建筑，这样做的方式，容易组装、分离，可以在任何地方再次建设。建筑的窗子直径为1.3m，采用风扇式遮光窗来控制视野；通过过塑纸的展开或折叠，形成窗子的打开或关闭。既控制光线的射入，又对视野有一定的遮挡（图3-89）。

由建筑师Baumschlager & Eberle设计的住宅综合楼（奥地利因斯布鲁克，2000）的最大的特点就是固定在结构框架上的折叠遮光板。由于住宅附近为机场，遮阳板采用古铜色以防止眩光。采光与遮光是这个建筑群考虑的重点。建筑布局顺应坡地呈阶梯状排布，每户住宅均采用高度标准化的自助式构造。每组4片折叠遮阳板，墙体为经过红棕色亮漆处理的松木板。遮阳板完全打开，即暴露出立面红色的墙面；遮阳板完全闭合，则整个墙面呈古铜色。遮阳板上下错位安装，即使全部收起，也可以通过这些构造形成韵律，构成表皮的特殊肌理。由于建筑表皮所采用的可调控的通风遮阳体系，大大节约了能源的使用，而获得2001年全球能源奖（图3-90）。

3.3.3.3　可变的色彩组合

色彩在建筑上的主要作用还是在造型方面，具体体现在运用色彩调整比例、强调节奏和韵律感、突出形体、烘托功能、渲染气氛、加强识别、增色环境等手法。在遮阳卷帘、百叶等构造上施以各种色彩，通过对这些可控构件的操作，使色彩的搭配变

a）可变的采光需求　　　　　　　　a）可变的采光需求　　　　　　　　a）可变的采光需求

b）可动构件细部　　　　　　　　　b）风扇式遮光窗　　　　　　　　　b）表皮构造细节

图3-88　阿拉伯世界研究中心[44]　　图3-89　Nakagin大厦[44]　　　　图3-90　因斯布鲁克住宅综合楼[44]

得灵活动态。各种构件的叠置使颜色千变万化，色彩的变化成为建筑的突出特征，在这些构件的变化过程中，不仅完成了对建筑室内环境的控制，而且色彩的动态组合使建筑表皮具有可变的艺术效果。

　　德国柏林的GSW大厦也是建筑师布鲁赫·哈腾的作品，建筑东侧采用双层玻璃幕墙，双层幕墙外侧采用全部固定的8mm厚钢化透明玻璃，内层采用中空玻璃，有开启扇。内外层之间有900mm间距，设置了600mm×2900mm的悬挂折叠穿孔铝板。铝板被涂有红色、橙色、粉红色、黄色等暖色系鲜艳的色彩，色彩统一中又有变化。根据日照强度的不同以及室内光线要求的不同，通过折叠板的开启与闭合，不仅控制了阳光的入射，其突出的色彩与造型还突显着建筑的存在，铝板的开启和关闭状态，使建筑立面更加丰富多彩（图3-91）。

同样类似的方法，在德国柏林阿德勒斯霍夫科技园内的光子学研究中心大楼也被采用。建筑的体块简洁，立面的主要装饰元素即是不同色彩的百叶。双层玻璃幕墙中间夹了一层透气百叶，通过调整百叶的角度，可以改变入射的光线，同时形成了建筑师布鲁赫·哈腾个性特色的表皮色彩可变系统（图3-92）。

由3xnielsen设计的哥本哈根FIH投资银行总部办公大楼（丹麦，2002）占据长堤公园的有利位置，直接面朝奥瑞松德（Oresund）运河。建筑的外表皮就像一面巨大的水晶墙，开放型的建筑效果使大楼采光充足、明亮宽敞。楼内所有办公室都有朝阳面。建筑表皮没有结构性功能，它会因为遮阳板的变化呈现出不同的"表情"。建筑表皮由三种构件组成：红色墙砖、悬挂式框架窗以及可滑动的铝制叶片百叶窗。这三种构件有相同的数量及规格，通过操控，可以互相替代。通过百叶窗的滑动，可以改变表皮窗、墙、格栅的比例，它们的相互叠加又可以形成不同的表皮色彩，从而使建筑呈现丰富多彩的表情变化效果（图3-93）。

a）丰富的表皮色彩   b）活动百叶细部

图3-91　德国柏林GSW大厦[45]

a）丰富的表皮色彩   b）活动百叶细部

图3-92　阿德勒斯霍夫科技园光子学研究中心大楼[45]

图3-93　FIH投资银行总部办公大楼[22]

　　由此可见，随着表皮处理手段的丰富，当代建筑表皮逐渐转化成为与外界进行能量和物质交换的界面，它不再仅仅是静止的围护结构，而是由计算机控制中枢操纵的适应环境变化的动态结构，并且伴随着新的空间认知和形式表现。但由于可控构造经常暴露于自然环境当中，容易受风雨等损坏，需要经常维护。因此，目前在我国应用得并不普遍。但它是今后建筑表皮技术发展的主要方向之一。表皮外部的图示变化、建筑采光的需求变化和色彩组合的变化常常是同时发生。

3.3.4　表皮构造工艺的技巧表达

　　不论对结构构造以何种方法加以处理，最终它总是以一定的外部形态表现出来。细致的构造工艺，可以增强建筑的构造表现力，体现技术审美的魅力。在实际的建筑表皮营造过程中，实现同一工序目的，通常存在着多种不同的工艺方法。从技术的角度，应选择便于操作的工艺；从经济的角度，应该选择工艺成本较低的方案；从生态的角度，应该选择利于节能，能实现良好社会效益的技术。[120]不仅如此，表皮的构造工艺还应该符合建筑性格，突出设计理念，具有时代特色。

3.3.4.1　型材断面的利用

　　型材断面特殊的形式构成，组合在一起，能够形成简洁又富于

a）表皮外观

U形玻璃：
内为262/42/4mm，外为262/60/7mm

b）U形玻璃的安装构造

图3-94　高湾仓库[121]

节奏感的表皮肌理，达到出其不意的效果。另外，由于型材之间的连接工艺的细节表达，往往能够产生表皮独特的形式感和几何效果。

　　在位于路登史切德的高湾仓库设计中，建筑师施耐德和舒马赫（Schneider+Schumacher）采用两层U形玻璃作为建筑的表皮型材，两层玻璃的开口相对，内部形成一层较薄的空气间层，表皮外侧则形成了强烈的竖向肌理。每组玻璃以两个槽状铝构件为依托，连接构造也非常简单，保证了这个建筑的稳定性与最大进光量。建筑师别出心裁地在U形玻璃表皮后面，固定了大量的荧光灯管，因此光成为建筑的第二层表皮。暗示了建筑的内部功能——国际灯具生产。建筑表皮在白天与夜晚呈现完全不同的效果，显示了其内部丰富的活动内容（图3-94）。

　　在巴塞罗那城市信息亭的设计当中，由于建筑的体量非常小，因此MCA事务所（Mario Cucinella Architects）采用了简单的建筑形式，构成一个纯粹的椭圆形平面的建筑。但建筑一点都不单调；相反，丰富的细节构造使其别具特色。建筑师选用插接的筒状有机玻璃作为构造单元，并充分利用有机玻璃筒的中空部分。在光线照射下，连接构造强化了内外表皮的存在，使建筑呈现出晶莹、连续的视觉效果（图3-95）。

3.3.4.2　构造节点的呈现

　　节点对于事物的发生、发展具有多重含义。节点意味着联系、意味着序列、意味着转折、意味着节奏、意味着强化……节点是部分构成整体的标志。[122]

　　建筑构造中的"节"，具有逻辑节点与艺术节点的双重属性。从逻辑的角度而言，它们需要表现构造内部的受力特征，暗示结构的逻辑特征；从艺术的角度而言，它们需要构成视觉显著点，从而表现建筑形态。当代建筑所散发出来的动人魅力，往往与节点构造的工艺精良是密不可分的。

　　（1）构造节点的暴露　建筑体系中的各类节点，是按照一定的组织关系形成节点系统的。节点系统存在于建筑体系的各个层级中；既具有层次性，又相互统一。不同节点之间相互依存的层级关系是节点的构成法则；层级不同，重要性程度也不一样。暴露和强调这些构造节点，从而将其建造过程、连接与被连接的关系凸显出来，可以使建造与装配的逻辑更加清晰，技术的艺术性也更加突出。

位于瑞士劳芬山谷的利口乐工厂仓库（瑞士，1987），主要用于存储木料。建筑长60m，宽26m，高17m。在这个设计中，建筑师将伐木场常见的木料堆积、风干的组织方式用于表皮构造，形成了特点鲜明，又适于草料储存的表皮形式。石棉水泥板略向外倾斜的水平放置，以斐波那契数列[1]的方式，以420、840、1260、2100的模数自下而上递增。这种方式模糊了建筑的实际高度，使建筑产生了上重下轻、上大下小的视错觉效果。暴露的替木和龙骨使搭接构造非常鲜明肯定，不仅在视觉上强化了光影效果，而且凸显了表皮的节奏感和细节感（图3-96）。

（2）**构造节点的消隐**　依靠暴露节点形成表皮的形式构成，

a）表皮外观
图3-95　巴塞罗那城市信息亭[121]

a）木料堆叠　　　　b）表皮外观　　　　c）搭接构造的暴露
图3-96　利口乐工厂仓库[121]

1　意大利数学家莱昂纳多·斐波那契（Leonardo Fibonacci，1170-1240年）发明的数列，这个数列从第三项开始，每一项都等于前两项之和，在利口乐工厂仓库的立面水平向划分中，建筑师使用了该数列。

虽然凸显细节，具有很好的点缀效果，但也弱化了表皮完整、简约的一面。当较小的表皮单元组成较大面积的表皮的时候，为了突出表皮的纯粹，常常通过构造形式对表皮构件进行消隐。这种做法对表皮的强度和整体性的要求比较高，常常需要一些特殊的构造技术才能够完成。

伦佐·皮亚诺在东京银座所做的爱玛仕旗舰店设计中，通过构造的设计，解决了超大面积应用玻璃砖的结构和抗震等问题。建筑表皮共由13000多块玻璃砖组成，但为了表现建筑的整体感与表皮高度的通透性，建筑师不希望表皮上出现过多的构件和明显的接缝。为此，构造节点的消隐成为表皮的首要问题。为了解决这个问题，建筑师采用一种瑞士的工业技术，将每块玻璃砖的侧面开槽，这样，两块玻璃砖并列时，即可形成一个暗槽空间，钢框架恰好即布置在此。从表面看起来，玻璃砖之间只是简单的拼贴，完全没有框架存在，减弱了接缝对表皮的视觉影响。而且砖与砖之间的接缝缓冲和吸收了地震力，使每块玻璃砖都有4mm的允许位移，整面墙的允许位移达到40cm以上。为了隐藏所有的框架，使表皮透明得更彻底，皮亚诺还对表皮下边缘的玻璃砖进行特殊处理，通过铆钉与钢框架相连。整个建筑表皮仿佛是一片完整的、透明的有机体。"当地震发生时，建筑表皮就会像一层有机的皮肤一样在动"[44]（图3-97）。

a）表皮外观   b）构造细部

图3-97 东京爱玛仕旗舰店[44]

　　建筑师对构造技术的重视，实际上是一种设计理念，是对结构体系的理性思考。精致恰当的构造细节，闪烁着智慧的光辉。以构造技术作为突破口，将功能–技术–艺术的平衡推进到一个前所未有的高度，必将创造出一系列新颖独特的表皮形态，从而为建筑学科注入新的活力。

第4章

当代建筑表皮信息传播的受众认知

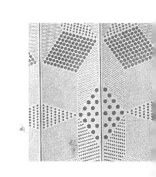

人的心理需求是建筑表皮生成的重要动力,建筑表皮是在表达与被认知的过程中,完成信息的真正交流。受众对于表皮信息的选择性注意,是促成一系列表皮传受活动的第一步,也是保证传播效果的重要环节。受众对于表皮信息的关联式理解,是建立在与自己的主观体验和符号储备相关联的时候。充分重视表皮信息的社会反馈,才会令传播活动向着更加积极的方向发展。

"受众是大众传媒所面对发言的无名个体与群体，理解受众就是理解在信息化社会中被受众化的我们自己。"[123]

——罗杰·迪金森

人的心理需求是建筑表皮生成的重要动力，是表皮内涵得以准确解读的关键。在传播活动中，当受众接触某一信息，信息作用于受众时，受众便会产生信息认知过程。受众对信息的认知过程非常复杂，它表现为运动着的、持续不断、循环往复的发展过程，是客观实在的事物在受众头脑中的反应。

如果不考虑人的不同层次的信息活动间存在的复杂交织的相互作用关系，仅从等级相关的意义上来考察的话，建筑表皮信息的受众认知可以简要地划分为三个主要层次：选择性注意、关联式理解、社会化反馈（图4-1）。

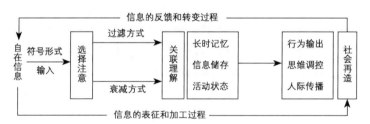

图4-1 受众的认知过程模式（根据资料自绘）

4.1 受众对表皮信息的选择性注意

受众对于表皮信息的注意，是促成一系列表皮传受活动的第一步，也是保证传播效果的重要环节。本节主要从受众心理的层面，对影响选择的因素进行分析；从而寻找能够加强受众对表皮信息选择性注意的方法。

4.1.1 受众注意的心理

（1）**注意的概念** 注意是"心理活动对一定对象的指向和集中。指向是指每一瞬间，心理活动有选择地朝向一定事物，而离开其余事物。集中是指心理活动反映事物达到一定清晰和完善程度。"[124]注意并不是一个独立的心理过程，它是感觉、知觉、理解、想象、记忆等心理过程的开端。只有一个信息被注意，这个信息才能上升到主要地位，在大脑皮层产生优势兴奋中心，才能保证心理活动的积极进行。

（2）**注意的种类**　受众的注意心理主要可以划分为两类：即无意注意和有意注意。

无意注意是自然发展的，无自觉的目的，不需要意志的参与，也不需要作主观上的努力。我们在城市生活当中，对建筑表皮无意注意的现象非常普遍。无意注意往往是在周围环境发生变化时产生的，是由于外界突然刺激引起的。当外界环境发生变化，作用于有机体时，有机体会把相应的感觉器官朝向变化的环境，并确定活动的方向。对于一幢建筑的表皮而言，刺激的强度、刺激的新异性、刺激的动态性等，是引起受众无意注意的关键。

有意注意是一种自觉的、有目的的，主体通常先存在内在的要求，在必要时还需要一定的意志努力的注意。对于建筑中的有意注意区别于无意注意的一个特点是，往往在亲眼目睹建筑物以前，受众就已经知道了这栋建筑的存在，甚至还对其有一定程度的了解。当建筑物具有能够引发受众兴趣点的条件时，才容易发生有意注意。对于建筑表皮，建筑专业人士和建筑使用者更多地表现出的是有意注意，而普通公众则更倾向于无意注意。无论哪种注意，都会给设计者更大的压力，可以起到提高设计质量的作用。

（3）**受众选择注意的心理**　受众接触媒介，开始受传活动，无论是视听、理解、还是记忆，都需要注意的参与，没有注意的参与，受传可能仅仅是一种形式。受众对传播的有效受传过程，始终离不开注意的参与。信息认知过程中的选择性注意不仅专门指向特定对象，还根据一定的接受目的、接受定向和接受定势，积极主动地直奔接受对象。这样，在具体接受过程中，接受者一方面是让与己无关的信息从自己感觉的国界线走开，另一方面还主动回避了那些与自己预定立场或固有观念相悖或自己不感兴趣的信息。因此，只有注意的时刻参与，受众才可能真正进行有效的感知、理解和记忆。

受众对于建筑表皮的选择心理具有从众性和逆反性。从众行为是指作为群体成员的个体，放弃自己的意见和态度，采取与大

图4-2　长野县赤彦纪念馆[125]

多数人一致的行为，俗称"随大流"。逆反心理是指受众对某种观点、立场或结论具有抵触情绪，标识怀疑和不信任，从而表现出相反的行为。传播者应该恰当地引导受众的从众心理，并利用那些能够有效引发从众行为的因素。与此同时，传播者还要尽量避免由传播内容不实、传播方式不当导致的受众逆反心理。在设计过程中，正确地对信息选择加以引导、促进和强化，这样才能使建筑表皮信息的传播富有成效。

4.1.2　建设环境的强化选择

建筑生长于环境且永远无法脱离于环境。建筑表皮与环境构成某种选择关系，能够起到强化选择的作用。在一定程度上，"相似"与"相异"都能够起到强化受众选择心理的作用。

4.1.2.1　相异选择——表皮信息与已有环境相异

（1）与自然环境相异　一些情况下，为了不破坏环境，建筑的体量、形态等非常谦卑地隐匿于环境之中，仅靠表皮的材料等特性，使建筑不同于环境。这种方法，一方面突出了建筑表皮的作用；另一方面使建筑与环境和而不同，起到互为景观、相得益彰的作用。

伊东丰雄设计的长野县赤彦纪念馆，建筑形态采用了公园与湖面相呼应的弧形，仿佛是一条即将登陆的鲸鱼。建筑表皮曲线流畅、一体，几乎没有明显的界线，给人以纯净、舒展、安详的视觉感受。可以说，建筑师使建筑形态最大限度地隐匿于环境当中。然而，建筑表皮材料采用钛金属，钛金属具有表面光洁、细腻，光线反射强烈等特点。在这样一个景色优美、日照充足的自然环境当中，表皮的处理使建筑在环境中脱颖而出，建筑与自然环境既相互协调，又反差极大（图4-2）。

（2）与周边建筑相异　当建筑表皮与周边建筑反差很大的时候，表皮信息也将得到强化。这是强化建筑最常用的方法。当新建建筑表皮与周围已有建筑表皮反差很大的时候，突出了新建建筑的可识别性，以及新建建筑对区域的控制性。诺丁汉博物馆位于诺丁汉蕾丝市场区，这个区的最大特色即是到处都是19世纪建造的仓库和砖厂。原有建筑古老的石材和精致的立面，散发着古典主义审美的韵味。为了与传统建筑呼应，博物馆的体量仿佛是堡垒一般；但建筑表皮材料却非常新奇。建筑的基座采用黑色预制混凝土，两个黄铜色绿皮盒子坐落在主要建筑体量上，它们的装饰具有华丽的上流社会的影子。绿色预制混凝土覆板的类似纹理，暗示了舞会上的华丽晚装，也向这座城市的传统蕾丝工艺表达了敬意。博物馆这一设计给人留下希望其自身摆脱"不同的文化类型"的印象。建筑表皮金色的铝板和绿色的混凝土在这片古老的砖结构建筑当中，显得格外特别（图4-3）。

　　另外，当沿着线性的要素如城市街道、河岸等方向的边界与边界之间会形成一种界面的"延续性"。当某一建筑表皮的边界突然变异或中断，在这个具有延续性的界面上，变异的边界使建筑成为"图-底"关系中的图形。而中断的边界可以是沿街整齐界面的凹入或凸出。当其他建筑的表皮在位置上互相"看齐"，而某一栋建筑在界面上的停顿则会引起受众观赏的注意，这个建筑表皮被注意的概率也就加大了（图4-4）。边界的扭曲、断裂等也能够强化受众的选择性注意。经过扭曲或断裂等方法处理的建筑边界，失去了与周围环境的对话关系，却加强了可识别的特征。

a）新建筑与周边环境相异　　　　　　　　b）表皮肌理

图4-3　诺丁汉博物馆[126]

图4-4　建筑边界变化对受众选择的影响

利用建筑表皮的材料、尺度、色彩等因素与已有环境发生对比，强化建筑形态，突出表皮信息的可识别性，以此形成建筑对周边环境的控制，是相当常见的表皮处理方法。由于本书第三章已经有了相关的阐释，此处不再赘述。

4.1.2.2　相似选择——表皮信息与已有环境相似

人对环境的认识是从对环境的直觉开始的。环境信息直接作用于受众的感官，引起感觉和知觉。在受众头脑中产生对信息整体的反应或信息之间的简单关系的反应，通过记忆存储对建筑环境形成比较完整的印象。就人与环境的一般关系而言，人接受环境信息主要依靠视觉，大约85%的建筑环境信息是经过视觉渠道传入人脑之中的。而受众对建筑表皮信息的认知也主要以视觉为主。当建筑表皮信息与已有环境信息在某种程度上契合的时候，人们自然会调动起头脑中的存储信息加以比较、判断，这种心理过程必然强化受众对表皮信息的视觉选择。

（1）表皮肌理相似　抽象的自然元素作为表皮的装饰图案，使建筑与环境之间发生了暗指的关系，丰富了表皮的内涵，同时将人们对环境的已有认知叠加到表皮认知之上，促进了信息的选择。

以植物等自然元素抽象成表皮的装饰图案的先例充斥着整个建筑历史发展的过程。如中世纪西方建筑常采用的蔷薇花饰、四叶草饰等。但它们的使用通常受到限制，仅仅作为彩绘、线脚等用于墙体的局部。随着当代创新技术的发展，这些元素逐渐成为建筑表皮信息的主要载体。建筑师通过对既有环境的分析，将其特质信息加以选择提炼，最终将建筑表皮的建构逻辑与提炼出来的信息完美结合。从而表达出建筑对自然环境的态度。

赫尔佐格和德梅隆是将建筑表皮作为图案承载的先锋。他们的作品反映了人们认知的复杂性；他们将建筑视为一种交流行为和思考方式，使人们认识所处的世界。[127]他们设计的欧洲利口乐包装与营销大楼（Mulhouse-Brunstatt，法国，1993）即是一个典型的实验。建筑的表皮肌理选用了卡尔·布洛斯菲尔特拍摄的树叶照片，图案被放置在一个笛卡尔坐标格网中，然后通过丝网印刷技术印刷在半透明的聚碳酸酯镶板上，通过材质、色彩、向量等的转换，将自然演绎成装饰图案。该建筑位于法国郊外一片树木茂盛的地区，植物的图形使利口乐建筑的外部自然环境与内部活动（生产草本糖果）之间有了象征性的交流。树叶经过处理，作为源自带叶饰的卷轴和科林斯式柱头的装饰性构件的化身，成为一种立体主义的效果。树叶图案的使用，改变了聚碳酸酯板的透光性，图案的阵列重复，形成一种材料的肌理，使建筑的室内与室外，在不同的时间、角度和光照环境下，产生各种奇妙的视觉效果。建筑的内容并没有通过简单的透明表皮展示出来，而是经过表皮图案的转述，形成了建筑内与外的交流（图4-5）。

在威尔·阿列茨设计的乌得勒支大学图书馆（荷兰乌得勒支，2004）可以看到类似的理念。早在雷姆·库哈斯在对乌得勒支大学作扩建规划的时候，就提出，教育系馆与图书馆所构成的南北轴线沿途应由无数树木构成景观绿化带。阿列茨将这个思想转化到建筑表皮设计当中——将柳枝的剪影作为表皮肌理呈现在玻璃幕墙和混凝土实墙上。在裸露的混凝土表面，它们呈现出浮雕的样式，使单调的实墙得到装饰；在玻璃幕墙的表面，仿佛蒙了一层精致的面纱，有效减弱了阅览大厅的直射光，创造了舒适的内部环境。特殊的构造使幕墙与实墙位于相同的垂直面上，弱化了材质间体量的区分，突出了肌理的视觉感受。建筑师使用抽象的植物主题，间接传达了建筑对环境的态度。绘画式的表皮视图，赋予建筑个性的同时，产生使建筑融入森林的感受。玻璃幕墙特殊的光影效果，使建筑内部的读者仿佛在一个自然环境中学习和阅览（图4-6）。

a）表皮外观　　　　　　　　　　b）表皮元素

图4-5　欧洲利口乐包装与营销大楼[128]

a）表皮外观   b）表皮元素

图4-6 乌得勒支大学图书馆[31]

　　由Thom Faulders设计的东京空域（AirSpace Tokyo）是一座4层
建筑，建筑的表皮系统模拟了原来基地茂盛的植物，通过Voronoi
算法，创造出与四周浓密的植物相似的复杂表皮形态。Thom并没
有单纯地模拟植物形式，而是模仿了植物的机能。由Voronoi生成
的表皮空洞是一个由四层空间网格构成的系统，这个网格的计算
考虑了不同楼层和朝向对日照和采光的不同要求，形成了建筑的
内部光影；毛细管状的表皮结构非常有利于雨水的疏导和排泄。
同时，表皮由铝和有机塑料合成，网格间15cm的空气夹层能够有
效地降低能耗（图4-7）。

　　（2）场域特征相似　　对于一个建筑群落而言，表皮整体设
计是形成场域的重要方式。建筑表皮不仅仅形成建筑形象、围合
建筑内部空间，建筑表皮也是外部空间的界面。通过对环境的深
入分析，提炼出恰当的符号与元素，形成具有环境特色的整体表
皮风格，这种元素所承载的环境信息必然受到重视，这种重视的
不断累积和强化，直接影响到人们对空间感受。这种场所精神将
成为控制整个区域空间的核心，也是建筑表皮和建筑空间设计的
关键。

　　从某种意义上说，场域研究是把表皮从建筑领域推向城市领
域的一种新尝试。是把人们的视线从对实体的关注中，转向对外
部空间边界、复合界面、灰空间、中介空间等领域的关注。以某

a）表皮外观　　　　　　　　b）表皮元素

图4-7　东京空域[129]

一种环境特质元素统帅整个场域，表皮信息被加强的同时，空间中也渗透了同样的元素特质。

由赫尔佐格和德梅隆设计的北京树村校园是表皮整体设计的典范（图4-8）。他们采用树枝纹式的图案，在建筑的不同尺度上加以运用，尤其在规划层面和表皮层面，使建筑异常的统一，具有很强的整体性，同时表达出强烈的边界场所感。建筑群表皮的形成是建立在图形多次裂变的基础之上的，不同比例的图案相互叠加，形成整体肌理，使整个群落具有独特的"树村"氛围。赫尔佐格和德梅隆将图案以不同尺度层层剥离的方式，突出树村校园的场所精神，并从整体上强化了树村的概念。

4.1.3　传播媒介的刺激选择

建筑表皮媒介作为一种刺激物，会对受众产生一定的影响，这种影响就是刺激。特殊媒介的采用，能够引起强烈的兴奋感，从而引起人们的注意。刺激是引发大众注意并选择的非常重要的条件，选择具有刺激性特征的建筑表皮媒介，使建筑表皮更易于被受众所选择。

4.1.3.1　媒介的新异性

传播中的新异刺激，总能引发受众的特别注意与兴趣，而一个传播受众本已知晓或者习惯性的刺激，就不容易引起人们的注

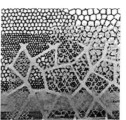

a）建筑群落模型　　　　　　　　b）表皮形成的院落景象　　　　　　c）表皮元素模型

图4-8　北京树村校园[121]

意。传播中的刺激具有绝对新异性和相对新异性两种。绝对新异性是指这种刺激是受众经验中从未有过的，它往往能引起受众极大的注意。相对新异性是指人们经历过的刺激的新异组合，这种刺激包涵人们熟悉的元素，但由于使用方式或组合方式的不同寻常，而具有了新异的特征。对于建筑表皮而言，新材料、新结构、新构造的发明，带给人们的刺激是绝对新异的。还有一些建筑表皮，将一些非建筑材料和手段应用于建筑表皮之上；虽然这些材料本身为人们所熟悉，但由于使用方式的变异，带给人们的刺激仍旧是非常巨大的。[130]

　　库柏联盟的建筑师Elizabeth Diller和Richard Scofidio夫妇，一直致力于将装置艺术融入建筑当中，探讨建筑与其他学科特别是与电子媒体交叉整合的可能性。它们设计的瑞士伊凡登勒邦的模糊建筑是2002年瑞士博览会的一个展览亭（图4-9）。建筑位于湖畔的水中平台上。建筑的表皮材料就是湖水，附着在骨架上的31400个120um直径的高压喷嘴，在800P的水流压力下，将湖水由液态转化为气态的水雾，通过调整喷嘴的空间分布，使微小的水珠能够持久悬浮在空中，形成巨大的云雾态建筑，具有令人难以琢磨的气氛。外部是不确定、不定型、虚幻的造型，内部则是无形式、无深度、无体量、无尺度的模糊与混沌空间。飘浮的水雾既是建筑的表皮也是建筑的形态。建筑的体验随着每个参观者的视觉和行为的差异，而具有不同的心理感受。建筑挑战了表皮的真实性和确定性的概念，并启示人们换个角度去理解现象与物质的关系。不仅如此，所有进入平台的人都需要佩戴无线的"头部外套"，作为帮助人们处理信息的工具，加强建筑与受众的双向交流。

图4-9　模糊建筑[1]

　　柏林建筑师Johl，Jozwiak，Ruppel在公园里建造了一个"塑

  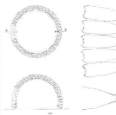

a）建筑外观 　　　　b）表皮细部 　　　　c）表皮构造图示

图4-10　塑料圆顶建筑[31]

料圆顶建筑"。在这里，PET瓶子不再是饮料的容器，转而成为建筑的表皮材料。在圆形的平面上，这些瓶子被堆成圆锥体，为了保护建筑内部免受风雨的侵袭以及保持结构的稳定性，在瓶颈以及螺旋盖之间使用了透明的薄膜棚架固定。这个设计不仅展示了再利用性材料的潜在用途，也充分发挥了其美学特征。周围绿色的树木以及天空变换的云彩，经过瓶底成千上万次的反射，构成了多姿多彩的表皮景象，使人产生无尽的遐想（图4-10）。

4.1.3.2　媒介的动态性

变化的刺激物比不活动、无变化的刺激物更容易引起人们的注意。随着数字化技术的不断发展，静态的建筑在逐渐发生着改变。建筑师不断地尝试一些具有动态性的物质来传递表皮信息，并以一种新的模式来反应建筑与环境之间的沟通与互动。信息的发出和接受不再是单向的，信息的反馈能够迅速影响到信源的信息发布。

（1）表皮材料的动态性　感应材料的应用，使表皮材料可以与环境和人发生互动。温度的变化、光线的变化等，都会使材料的某些性能发生改变。例如当代建筑表皮常常采用集合感温层的透光建筑构件，这是一种可以随环境改变而变化的新型材料。当高于某一个温度值时，集合感温层的漫射特性便会发生改变，通过形成一个"漫射中心"，其外表会发生从透明到白色状态的变化；这种现象使集合感温层可以被用来控制通过建筑物外皮的阳光传输，以此保证舒适的户内温度和无眩光的自然采光（图4-11）。

赫尔佐格和德梅隆是表皮设计的高手。他们不断创造出新的表皮材料，以满足他们对表皮创新的需要。他们设计的伦敦拉

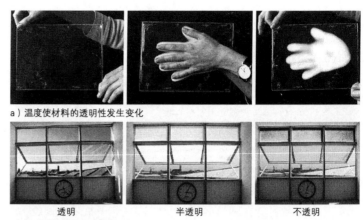

a）温度使材料的透明性发生变化

透明   半透明   不透明

b）温感材料应用于玻璃窗

图4-11　互动型表皮材料[131]

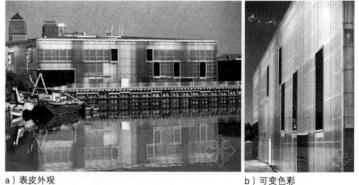

a）表皮外观   b）可变色彩

图4-12　伦敦拉班现代舞中心[132]

班现代舞中心（英国，2003）就使用了一种革新材料——聚碳酸酯（图4-12）。这个建筑是一个文化中心，容纳了300个座位的剧院、13个舞蹈室、一个图书馆、一个档案室以及一个对外开放的酒吧。聚碳酸酯是一种透明或半透明的塑料板，它可以与环境中的光线产生互动。白天，它吸收不同季节和不同时间段的阳光，将自己隐藏在环境色当中；从黄绿色到绿松石色，再到紫灰色。根据光线的角度和观察者位置的不同，材料会产生千变万化的光镜模式。在室内，透明玻璃的第二层立面使舞蹈室内产生令人愉悦、舒适的彩色光线，同时也营造了一种温暖活跃的氛围。当夜幕降临，它仿佛是一座灯塔或是一个五彩缤纷的灯笼，发出耀眼的光芒。

（2）**表皮装置的动态性**　表皮的"装置"说最早由赫尔佐格和德梅隆提出。建筑装置和工业产品都具有尺度上的区别，但基本的设计特征是相同的，作为"装置"的建筑表皮能够通过计算机辅助手段，使表皮具有互动参与性。

作为当代建筑，必须通过信息将我们和电子环境联系起来，一些建筑师在不断地创造媒体界面和不同材料的表皮装置屏幕。照明、动态标志、互动技术和建筑一体化的新策略，已经成为表皮发展的新动向。全新的美学观即将走向前台，艺术作品也将越来越多地在交互界面中呈现。交互界面作为一种联络路径，当其因功效而走向成功的时候，该界面的艺术性也在某种程度上容纳了新的文化价值，这就是信息时代所特有的。互动式的认知模式使人们的感知范围更大，通过表皮的特殊装置，反映了环境与表皮的互动关系，从而使受众的认知也处在变化当中。

格拉茨现代美术馆由彼得·库克等建筑师合作完成。这幢建筑拥有复杂的双曲线几何形式，拥有丙烯酸树脂的建筑材料，拥有三角形钢结构构成的倾斜结构系统，还拥有精密的低噪声、低能耗环境控制系统。这座建筑尤其是建筑表皮，预示着技术层面的深层变化。格拉茨现代美术馆的表皮超越了普通建筑对周围环境所做的反应，而表现出了建筑与环境的互动。数控低分辨率显示屏可以投射抽象的演示动画，向城市展示各类信息。设置在天窗周围的麦克风采集了含混的城市声音，然后将这些声音进行混音处理，再通过顶部的扬声器向城市播放，从而创造出一种低频声云。BIX（大像素）的媒体墙技术，将光电板和感应器整合到建筑的外表皮中，以像素为基础，将圆形氖光灯源均匀地布置在表皮下，925盏圆形45W荧光灯将复杂的表皮曲面转化成一面45m宽、20m高的低分辨率的显示屏。建筑表皮构成了一种特殊的建筑语汇，这些与环境互动的技术装置使建筑具有特殊的识别性。光环被整合到复杂的建筑形式当中，使动态像素在内部艺术活动向外传播的过程中变得清晰可辨。媒体墙的这种互动性创造了一种效果，建筑本身即是影像和图片的发生器，建筑表皮成为面向公众传播艺术信息的"交流膜"（图4-13）。

随着信息技术的日新月异，在建筑表皮上使用电子显示屏和激光技术来打造动态形象并传播信息的情况已经屡见不鲜。这些动态元素显然具有极大的吸引力，并与受众时刻发生着信息互动。

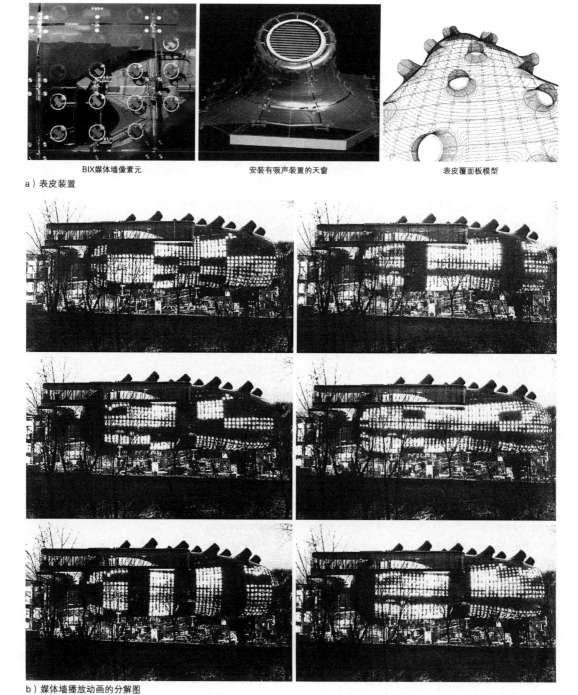

a）表皮装置

　BIX媒体墙像素元　　　　安装有吸声装置的天窗　　　　表皮覆面板模型

b）媒体墙播放动画的分解图

图4-13　格拉茨现代美术馆[133]

4.1.4　社会因素的引导选择

传播依赖于环境，尤其是社会环境的影响。建筑在建设过程中，除了建筑本身的因素以外，还有一些社会因素能够引发受众对建筑更多的关注，从而对建筑的信息传播起到推波助澜的作用。

4.1.4.1　城市事件

城市的主题事件通常是指具有城市范围的事件，即由城市政府主办或政府授权主办，依靠一定的政府资源在城市举办的具有广泛影响力的重要政治、经济、文化、体育等大型活动，对城市发展有很强的推动作用。重大城市事件，在城市政府积极筹划和社会广泛参与的情况下，必然对城市产生深刻和长远的影响。在人们瞩目这一事件的过程中，对发生于这一事件中的建筑的表皮自然倍加关注。建筑物尚在建设之中，电视、报刊等各种媒体就迫不及待地对其进行大张旗鼓的宣传。大型城市事件极易成为接受者预先就有的趣味方向或预存立场，使人们预先使自己处于准备接收的状态之中，并且直接影响到受众注意的方式。

屈米（Bernard Tschumi）在他的"空间与事件"一文中说："就建筑学的社会性和形式创造的关联而言，建筑无法与'发生'在其中的事件相脱离"。建筑形式创造，尤其是作为结果的建筑表皮，都可以被看作是社会事件的一部分；而当建筑表皮呈现事件的发生时，其自身也成为事件。[134]建筑是抽象的形体语言，当一幢建筑物成为一个重大事件的一部分，那么由于这个热点事件的效应，人们对这幢建筑的关注度就会增加，这幢建筑的信息就会得到更广泛、更快速的传播。往往这类建筑的表皮、结构、技术等各个方面，很容易成为一个时期人们讨论的热点话题，从而成为一个风格的标志。

如2008年的北京奥运会、2010年上海世博会、2010年广州亚运会等。虽然它们作为城市巨型事件具有一定时效性，但大量的信息传播和舆论引导，所有建筑的发生都与事件相关，主题事件鲜明的特性更会与建筑相互驱动，从而加强受众的认知需求（图4-14）。上海世博园区的规模很大，位于上海中心城区的重要滨水地带。借助世博会这个"触媒"，进行城市再生；同时，还拥有世博会带来的品牌、设施、环境等方面的独特优势，无疑会成为上海城市规划和发展的重要推动力。世博会建筑被称为未来建

a）捷克馆

b）丹麦馆

c）俄罗斯馆

d）西班牙馆

e）澳大利亚馆

f）爱沙尼亚馆

图4-14　上海世博会建筑

筑的试验场，各个国家都通过建筑展示先进的技术和人文成就。每个建筑都有一个让人充满想象力的、甚至是夸张的外表。不仅在视觉上带来强大的冲击力，上海世博会所倡导的绿色理念——"可持续"、"低碳"、"高科技"，不仅代表了未来世界城市建筑的发展方向，也成为当代中国城市建筑的重要文化理念。世博建筑本身会带来类似建筑"时装秀"的效果，不一定能在现实生活中直接拷贝；但形式、理念所传达的价值观和创造性，表达了人类对未来的某种愿望，必然给职业建筑师们带来巨大的启发。

4.1.4.2　著名建筑师

建筑师从古代的工匠发展到受过专门教育的设计者，逐渐拥有了一定的社会地位，并逐渐为公众所认可。特别是那些为城市创造了光荣的明星建筑师，来自他们的设计自然能吸引更多的观众。研究建筑表皮的大师们对表皮的推崇，使人们认识到表皮对于建筑设计的重要，表皮作为一种设计方法，甚至是一种设计理念，逐渐被人们所认识，并不断地加以实践和推广。

不同建筑师对建筑表皮有着不同的看法和设计理念，它们的文化背景、个性特征、惯用手法等，都有其独特的个性特征。其思想和灵魂融入设计作品当中，使得建筑表皮呈现出不同的风格和特征。反过来，透过表皮，也可以解读出建筑师的内心活动。

a）Rue Des Suisses公寓：引导装饰百叶 在表皮的应用

b）埃伯斯沃德技工学院图书馆：引起丝网印 刷在表皮的应用

c）多明莱斯酿酒厂：引起自然材料在表 皮的应用

图4-15　赫尔佐格和德梅隆的建筑表皮[31]

赫尔佐格和德梅隆是建筑表皮研究的大师，从他们的设计历程上可以清楚地看到对于表皮操作的决心。他们将表皮的物质性转化为社会性，使它们成为规则与有序、刻意与自然交替的边缘。他们的建筑作品的表皮就备受关注，甚至某些时候超过了建筑本身，促成表皮审美与意义的时尚（图4-15）。

　　著名建筑师往往很容易带动这样的潮流。现代主义建筑大师密斯·凡·德·罗运用玻璃和钢材，创造了冷漠的建筑表皮效果；妹岛和世则通过对玻璃的二次处理，形成了具有女建筑师特色的细腻、婉转的表皮效果；伊东丰雄利用玻璃材料颠覆了建筑的凝固性和恒定性，令表皮拥有了海市蜃楼般的虚幻感和瞬息万变的高度灵活性……每位建筑大师都有其特殊的表皮处理手法，他们除了在建筑界声名显赫以外，也被社会大众所敬仰。他们的出场自然会吸引更多人的注意，他们对表皮的处理手法甚至成为一时间普通建筑师以及公众追逐的对象。

4.1.4.3　时尚效应

　　时尚是指一个时期内，在社会上广泛流传、盛行一时的大众心理现象和社会行为。"时尚"这个词现在已是很流行了，英文为fashion，该词来源于拉丁文"facio or factio"，意思是"making or doing"（制造的或人为的），是对一种外表行为模式的崇尚方

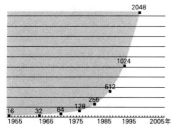

图4-16 以指数函数的速度急剧增加的信息量[135]

式。时尚就是在特定时段内率先由少数人实验、之后为社会大众所崇尚和仿效的生活样式。

在当下的文化中，图像已经成为我们这个时代最丰富也最具侵略性的资源。当代社会中，信息量正以指数函数的速度急剧增加，我们已经进入"信息爆炸"的时代（图4-16）。建筑作为反映社会文化的一种媒介形式，其自身的信息量以及附着的信息量也在迅速增加。然而，人们用于思考、判断和研究信息的时间却相对减少。建筑表皮的地域特色的丧失、情感深度的削弱、历史与传统的淡漠，增加了人们浮躁与不安的心理。因此，我们必须从受众心理的角度，使建筑设计在变化的时尚追求与历史的情感诉求中寻求平衡。

建筑艺术也具有时尚的性质，即具有流行性。[136]名牌建筑和名牌商品一样，名牌产品知名度高，消费者争相追捧；名牌建筑反响强烈，建筑师也竞相追逐；因此，很多建筑会在一时间出现同样的时尚元素。然而，建筑师应该认识到，引发受众关注只是设计一个成功建筑的第一步，甚至不一定是关键的一步；受众广泛关注的同时也对建筑和设计者带来了巨大的考验。那些优秀的建筑都是经得起时间的考验的。对于受众而言，也应该提防被某些主观因素所左右，而应该把信息作品本身的特点和结构因素纳入自己优化选择的"参照系"下，从而，作出客观、积极的评判。

4.2 受众对表皮信息的关联式理解

注意是受众接受传播的重要心理条件，但受众仅具有了这个心理条件并不能接受传播的内容。受众接受传播还必须通过自己的思维活动，对传播进行理解。

建筑不仅担负着人类与自然界之间的屏障任务，它还是人类文化的重要组成部分，它肩负着表现和传达人类精神文明的任务。建筑表皮是建筑的重要构成要素，它是建筑信息传播最直接的手段，呈现一个时期的科学技术和思想发展。它应该反应特定地理环境的景观形态和意向，它应该成为历史文化、城市文化以及特色文化的信息载体，展示出对意识和文化的反思。在表皮设计的时候，建筑师应该将文化转化为可被读取的表皮信息，使受众与自己的已有情感产生关联式理解，从而达到文化传播的目的。因此，本节主要从受众情感的层面，解读表皮主要承载的情感信息内涵，以及它们是如何与受众的主观体验和态度发生关联的。

4.2.1 受众理解的前提

（1）**理解的概念**　理解是受众运用已有的知识、经验，对传播内容的进一步认知。它是积淀着想象、情感的能动创造过程。只有理解受众才能感知到符号具有的信息意义，受众才能真正了解传播的内容；也只有理解，受众才可能识记传播的内容。

然而，由于每个人的文化背景、教育环境以及生活阅历等都有所差异，致使人们的价值观、审美观、行为意识各不相同，不同的人对相同信息的理解度和接受度也会有所不同。因此，文化传播不仅受社会共同意识的制约，还受个人的社会心理、思想意识和价值观念等的影响。

（2）**受众理解的前提**

1）文化的共享性决定信息的认同与理解。施拉姆曾经对传播中的"共同经验"做过专门的论述，他认为"参与传播关系的人，都带着一个装满一生经验的头脑来解释收到的信息，决定怎样的反应。两个人若要形成有效的互通，双方储存的经验必须有若干共同的地方"。[137]（图4-17）相似的文化背景和对事物相似的认知能力，才能引发思想情感的体验。每个人的文化结构都是在前人的基础上并受到同时代人相互影响的。由于发展的惰性，使得这种横向与纵向的影响更加顽固和持久，这也是产生地域性、民族性文化的原因之一。在文化同构的基础上，才能从建筑的形式当中解读到某些气氛、意境，甚至对其风格、设计意图及历史文化等产生较为深入的理解。

卡西尔认为人是文化的动物，设计是一种文化行为。表皮是视觉文化的载体，它主要通过视觉设计体现文化内涵。它与文化图式之间存在着某种深层联系。居住在城市里的人们，每天像使用交通工具一样使用着建筑。人们往往可以快速地判断出一栋建筑的功能和性质，人们就是以这种方式使用城市的。但是面对异邦文化的时候，人们往往容易造成误解。这是因为表层所传递的信息与读者自身的图式产生差异性，这种差异性往往成为大众传播的"噪声"，影响人们对传播内容的理解。表皮设计在形成独

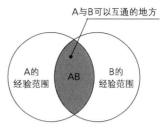

图4-17　共同经验图示（根据资料自绘）

特的城市界面、体现特定环境的人文精神。使人们获得信息的同时也了解到这个区域的文化背景，将理性认知与感性认知相统一，才能够加强人与建筑的视觉交流，才使这个建筑更有"意义"。一个具有文化内涵的表皮设计，才更能打动受众，才更容易在传播者与受众之间产生共鸣。

2）受众心理结构的差异性制约着信息的传播。受众对建筑环境的心理需要，使得建筑表皮超越了单纯的围护功能，而承载了地域文化、历史文化和社会文化等精神需求，从而成为具有各种丰富内涵的综合体。对于建筑中的接受者而言，由于文化背景和审美修养不同，对建筑所传递信息的理解与接受的程度就会不同；同样的信息在不同受众身上产生的效果也会不同。一座建筑若要拥有尽可能多的受众，得到较好的传播效果，就应该满足不同理解层次受众的审美需求，让建筑承载多个层面的信息。

建筑师的创作既要满足大众欣赏的需要，又担负着提高其欣赏趣味的责任。有意识地提高大众欣赏水平是一个潜移默化的过程，不是一朝一夕或通过一两个作品就能够实现的。因此，在建筑创作中，每一个建筑师都担负着社会责任。他要为大众选择信息、检测信息，既应该在众多的信息中挑选出能够充分表达创作意图的符号，创造适合于欣赏者的视觉形象；又要满足他们的心理需求。

3）文化的认知是心理结构对文化信息的组织结果。受众用自己的感官去接收信息，把作品中的符号译解为个人的审美体验，通过这种体验与建筑师形成对话与交流，才算真正实现了建筑信息的传播。受传者对传播内容的接受是一个积极主动的过程；受传者一方面具有自主性和选择性，另一方面则受到一系列环境因素的影响。如地理环境、历史环境、时代环境等，都会对受众文化认知造成影响。这个过程是循环往复、动态影响的。表皮设计需要不断地用新信息来激发人们的好奇心，同时还要保留相当的熟悉信息，以免使观看者产生恐慌的心理。因此，在创新与传承之间需要找到恰当的平衡点。

4.2.2 地理信息的抽象关联

诺伯格·舒尔茨认为，"场所"不是抽象的地点，而是由自然环境和人造环境组成的有意义的整体。这个整体反映了这个特定地段的环境特征和人们的生活方式。将地理信息抽象转化，进而具体化地表现在建筑表皮上，使场所精神成为可见。这种信息关联，不仅使建筑与所处地域环境达到共鸣，还使受众对建筑的理解与受众所经历的环境意义相得益彰。

人造地景是指通过对环境深入的分析，利用数字技术进行模拟，创造出类似于自然景观的人造建筑，使建筑表皮与地景表层不可避免地发生关联。这并不是对自然景观的简单模仿，而是试图对自然形态进行提炼，通过抽象、类比、拼贴和杂混等多重手段，将它们转化成建筑概念，进而引入设计当中，将人们熟悉的自然形态用一种新的方式进行组合，从而在建筑、受众与环境之间搭建起一种新型的对话平台，引发更深的思索。形态、空间、建造的综合性衍生，才能真正达到建筑与环境共生的目的。

4.2.2.1 地理形态的关联

建筑学作为塑造空间形态的艺术，借助形态学的研究成果，已经摆脱了传统的几何空间，迈向了新的形态模式。计算机辅助设计，使建筑师可以随意模拟各种自然景观形态。借鉴自然界中的某些形态，可以使建筑仿佛从地形中生长出来，与环境融为一体。特殊地形中的地貌，往往成为建筑设计构思的出发点。如何从地质学、景观学的角度塑造表皮形态，使表皮肌理相似于景观肌理，使建筑源于环境且高于环境，才是设计的关键。

这类建筑应该进行单纯的自然形态模仿，更重要的是形成恰当的内部空间氛围和感受。只有这样，才能有利于人们对建筑所表达的环境观念的心理认知。

由吉昂卡洛·马桑蒂建筑事务所设计的西班牙公园图书馆（麦德林，哥伦比亚，2007）坐落在哥伦比亚境内的安第斯山脉，环境的特殊决定了建筑形态的特殊。20世纪90年代，该城市位于山坡上的贫民经常受到毒品交易的暴力侵扰。近年来，政府聘用知名建筑师为贫民区设计新建筑以服务当地教育。建筑的地理位置以及先期条件决定了这里不可能接纳一个常规建筑。因此，马桑蒂摒弃了传统建筑与环境的处理手法，而是模仿了岩石和晶体，与周围建筑不加修饰的立面和自然景观取得和谐。整个建筑包括广场，都在黑色砖体的包裹之下，仿佛从基地环境中生长出来一样。一方面，它象征着力量、稳定和对珍贵的公共教育设施的呵护；另一方面，建筑仿佛是一个洞穴，提供给人们冥想和交流的场所，使置身其中的人们暂时摆脱贫穷的困扰（图4-18）。

哈迪德设计的广州歌剧院（中国，2008）位于广州腹地，俯瞰珠江。主体建筑为造型自然、粗犷、以灰黑色调为主的"双砾"，隐喻珠江河畔的流水冲来的石头。这两块原始的、非几何形体的建筑物就像砾石一般置于开阔的场地之上。虽然扎哈把歌剧院比作两块宁静的石头，但极具动感的流线造型仍然可以让人们联想到石头被冲刷的过程和流动的珠江。广州歌剧院是塑性形体，无法用数学方式描述，要将"双砾"的非几何形体从图纸变为现实，就要克服巨大的施工难题。新的三维设计软件和控制编程将这种非欧式几何的、非正交的表皮形态完整地呈现在虚拟世界中，通过数控编程、NURBS造型系统等转化为可操作的实体，并在错综复杂的方案中选择最优的解决途径。最终，歌剧院表皮采用钢结构空间组合折板式三向斜交网格结构；平面转折出的梁为主梁，次梁形成间隔为6m的三角形网络；主体梁由64个面，41个转角和104条棱线组成；网壳两个平面夹角最小为79°，最大为177.5°。歌剧院没有一个节点相同，建造使用的每一个钢构件都是分段铸造再运到现场拼接。钢结构采用高空胎架支撑原位拼装法进行安装；安装总体顺序是：立面从下向上逐面扩展安装；平面从中间向四周逐面扩展安装（图4-19）。

a）岩石

b）西班牙公园图书馆

c）表皮材料细部

图4-18　景观形态的联想[78]

a）礁石

b）广州歌剧院

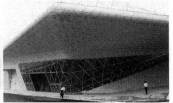
c）表皮细部

图4-19　景观形态的联想[138]

4.2.2.2　景观意向的关联

每一个场所都有其特定的地形地貌、自然循环状态和独特的文脉关系。"人造地景"的不确定性给人们能动的理解空间含义留有极大余地。在为人们带来令人震撼的建筑形态和前所未有的空间体验的同时，亦为建筑与环境间的文脉关系提供了一种新的解读方式。

近几年来，扎哈·哈迪德一直致力于以一种激进的设计态度向人们传达"人造地景"的概念。这位非凡的女建筑师将超现实主义画境般的"人造地景"真实地展现在人们面前的时候，人们无不为其惊叹。形式与功能、空间与结构等多重矛盾和谐地整合在一幢复杂建筑当中，以人造景观反映出自然界的有机状态。迪拜剧院（迪拜）的整体形态来源于当地的沙丘地形，建筑从沙地中破土而出，起伏的形态不仅成为当地景观的组成部分，亦造就了激动人心的天际线。歌剧院拥有一个可以容纳2500人的演出大厅、一个5000m²的画廊、一个800个座席的剧场、一间演艺学校和一间宾馆。周边的所有设施都通过道路和单轨连接。表皮上的纹理模仿干燥沙丘的裂纹和圆形的气孔。整幢建筑成流线型，仿佛一座巨大的沙丘刚刚被飓风吹过，而我们又无法预测下一阵风过后，它会变成什么样子（图4-20）。在此，我们无法将表皮与空间割裂开来，到底是表皮成就了空间，还是空间促成了表皮。但可以肯定的是，表皮不仅仅是手段，它更是一种方法，通过对这个界面的模拟衍生才有了这样复杂形态的生成。

在格拉斯哥交通运输博物馆的设计中，扎哈·哈迪德亦以其独特的形式语汇表达着基地的逻辑。基地选址于两河交汇之处，其中克莱德河的历史发展对于整个格拉斯哥城的意义非同寻常。因此，扎哈别出心裁地将运河的水纹特征引入建筑形态当中，以此来回应场所的特殊性。这个由一条线性路径而得到的界面拉伸体恰到好处地演绎了从城市到河流、从人造空间到自然空间的转变。不仅如此，这个建筑的外观也是对该地区所经历的发展奇迹的再现和诠释。博物馆并没有简单地模拟自然形态，而是将景观意向、场地文脉，以及城市历史等因素和谐地植入建筑当中，使格拉斯哥交通运输博物馆以一种开放和流动的形态，成为格拉斯哥市场所精神的载体[50]（图4-21）。

a）沙丘

b）迪拜剧院

c）迪拜剧院

图4-20 景观意向的联想[139]

a）运河的水纹特征

b）格拉斯哥交通博物馆

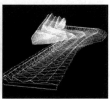
c）界面形态延续研究

图4-21 景观意向的联想[50]

具有崇高感的地景可以让人激动，美丽的地景可以使人陶醉。地景几乎不能也不该被当成物理空间中的中性物体去感知，它们总要在具体的文化背景中呈现出"特征"和"意蕴"来。对于建筑师而言，仅仅被一片风景所陶醉是不够的，建筑作品需要包涵在具体的文化和社会背景下，对于某种地景的解读才能够引起人们的共鸣。

4.2.3 历史信息的时空关联

人类在适应环境的过程中，各地区、各民族独立地形成了自己对世界的认识，并拥有了自己的传统文化和传统建筑，出现了以传统为主体的各不相同的建筑文化体系。表皮的意义就在于将这些文化特质通过当代技术手段，予以再现，从而被受众感知。在建筑表皮设计当中，丰富的时空信息，可以引发受众对于一段历史的追忆，不仅可以增添建筑的人文情感，还可以给人们以归属感和认同感，形成建筑与人的共鸣。

4.2.3.1 传统符号的变异

历史符号的再现是指运用现代建筑的手段，模拟传统文化中的符号，从符号意义的传承中达到对历史文脉的延续。这类符号往往是从一个地区长期的生产实践和艺术创作中抽象简练出来的，是历史文化的浓缩，在符号中蕴藏着浓郁的文化特质。

历史文脉的符号转化是一个多层级的过程。即从符号的现实意义转化为艺术意义，进而转化为文化意义。历史符号的再现不是单纯的以一种浅层的装饰身份出现在建筑的表皮，而是应该从人的意识、审美、联想以及感悟的层面进行符号化的过程。当代建筑表皮对于符号的运用主要有两种方式：直接运用和变异运用。直接运用主要指模仿原有地方传统文化而衍生的图案、构件等，这是一种较为简单的沿袭，表皮符号与文化直接发生关系，最容易被受众所理解。变异运用是指将符号简化、扭曲、叠合、断裂、抽象……在体现传统特征的同时，又有所突破，具有现代感，容易让人们产生联想。

大舍建筑设计的青浦私营企业协会办公楼的表皮，提取了传统冰花纹窗的构件符号，将冰裂纹转印在玻璃幕墙上，两种尺度的花纹暗示了人对建筑表皮认知的尺度差异。建筑表皮与传统冰裂纹木窗同样具有采光的功能，但其形式已经发生了明显的转变。材料的置换和尺度上的转化，辅以现代的玻璃幕墙技术，体现了建筑表皮在传播传统文化上的精致化和抽象化（图4-22）。同样的，景德镇博物馆采用了瓷器上常用的冰裂纹图案，作为建筑表皮的装饰符号。金属网结构覆盖了整个建筑表面，不仅暗示了博物馆的特色，而且将瓷器文化的内涵通过表皮展现出来（图4-23）。

符号、图案都是可以被人感知的物质存在，这一物质的存在可以传达信息，具有一定的社会意义。利用当代技术和当代材料，将传统符号重新演绎，转化成表皮肌理等，是当代建筑表皮对历史再现的一个重要手段。

4.2.3.2 历史片段的比对

历史片段的再现是指将历史建筑的片段予以保留，作为一个重要的构成要素被整合在改建建筑的表皮秩序当中，这种方式极大地再现了历史建筑的文化内涵，

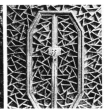
a）传统门窗木饰

b）青浦私营企业协会办公楼
图4-22 传统符号在表皮上的应用

a）景德镇瓷器

b）景德镇博物馆[140]
图4-23 传统符号在表皮上的应用

二者的对比，表现出历史的延续与更新。

历史片断具有丰富的时间信息，建筑在历史流变中与外部环境相互作用，留下各种各样具有生命内容的历史印记。建筑师可以利用这些丰富的历史信息，再现人们当时的活动。新旧信息在表皮上的相互对比，一方面能够表现出现代技术、现代材料的美感和强烈的时代意识，另一方面能够通过对传统文脉注入新的活力和内容，使旧有界面的艺术魅力表现得更加充分，彰显历史文脉特征。

（1）并置比对　当新旧的建筑立面同时并存于同一表皮上时，应该突出新旧文化的差异和新旧材质之间的差异。传统材料与现代材料在对比的过程中才更能表现出历史感与时代感。通过把握这些材料的物理特性以及情感特征，不仅使原有的历史片段焕发出新的生机，也使新的建筑表皮充分表现出对历史的尊重和延续。

CaixaForum博物馆（马德里，2008）是赫尔佐格和德梅隆设计的覆盖铰接金属表皮的系列文化建筑中的代表。这个建筑坐落在城市植物园对面，16世纪马德里建筑的边缘，是对一家燃煤电厂的改造。这家电厂于20世纪20年代被佛朗哥关闭，其本身就承载了一部分城市活动和历史故事。由于它位于这个城市空间中显著的地理位置，所以承担着重塑整个文化街区的重任。建筑保留了旧工厂的砖石外表，再现该地区本身倾斜的城市地形。建筑与地面的连接仿佛被切断一般，悬浮在空中。原有建筑的窗洞口被砖封死，保留了这些洞口微微凸起的拱形过梁和带装饰的窗台，暗示了原有洞口的存在。两个新开的洞口完全忽略了原有立面的结构，暴露出超过1m的墙体厚度。屋顶扩建部分的材料从原有的砖材料中找到灵感。建筑师发现古老的砖材质与砂模留在铸铁上的痕迹之间有着密切的关系；因此，材料的变质就成为实心表皮腐蚀的造型起点。为了进一步增加穿孔板的透明度，在基本母题图案上叠加了10mm的镂空方块矩阵。最终只产生了三种类型的镶板。8mm穿孔板做建筑顶部的材料，4mm的实心板做外部覆层的其他部分，二者使用的都是凝固迅速的铸铁材料。另外一种镶板用作地下室大厅的室内墙体材料，通过40mm高的凸起表达相同的母题。板材的建造方法很公式化，但经过拼贴变化，最终的效果却是不可预测的。原有建筑片段的处理倾向于显现内部的空间安排和结构逻辑，而新增部分的处理则倾向于将这些隐藏起来。二者通过表皮的处理而协调地处于同一个建筑当中。封闭单调的城市界面，通过建筑表皮的更新，得到了舒展和解决。"表皮-人的活动-历史文化"再现了原有的城市空间界面。人们不仅能在改造了表皮的建筑中找到残存的历史文化，还能找回他们过去行为的记忆（图4-24）。

在德国伍兹堡的艺术中心（德国，2002）改造中，建筑师Bruckner将新材料砂岩处理成100mm×225mm的空腔百叶窗，内部是钢化安全玻璃和浮法玻璃共同形成的双层玻璃。中世纪遗留下来的砖墙片段与砂岩百叶窗直接拼贴在一起，历史片段成为表皮重要的构图要素，体现了新旧材料的大胆对比。既在颜色上需求相似，又在肌理上追求差异，斑驳的历史印记与均质的现代材料共同形成特殊的表皮景象（图4-25）。

（2）**叠置比对**　对于一些旧建筑的改造过程中，建筑师有意设计了透明的双层表皮，通过现代表皮与旧建筑表皮之间信息的渗透，达到历史文化与当代文化叠置再现的效果。表皮通过视觉呈现，达到优化、异化旧建筑的历史信息，同时使旧建筑更好地与现代城市融合，以崭新的外部空间形态面向城市。

这种方法常常采用透明的表皮材质和相似的表皮色彩。透明材质的选择，使建筑内外表皮产生互动；相似色彩的运用，使新旧建筑形成了和谐的色彩风格。对建筑的外部形态而言，建筑界面是新颖的，但人们仍旧能够感受到历史信息是叠加的视觉效果。对于建筑内部空间而言，内层历史建筑的表皮使人们更容易

a）新旧表皮的并置存在　　　　　　b）旧建筑表皮　　　　　　c）新建筑表皮

图4-24　CaixaForum博物馆[141]

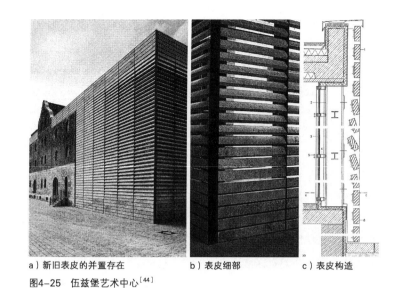

a）新旧表皮的并置存在　　　　b）表皮细部　　　　c）表皮构造

图4-25　伍兹堡艺术中心[44]

感受到历史的气息以及建筑内部曾经发生的历史事件。

　　由弗朗西斯·索勒设计的法国文化交流部（法国巴黎，2004）改造项目，位于一条狭窄而阴暗的街道上，但是街道两侧却是烙有时间印痕的精致的17世纪石砌建筑。这座建于1919年的古典建筑呈灰色，建筑风格沉稳、庄重，散发着古典主义美。更新后的表皮材料本着与旧建筑相协调的原则，轻盈而不张扬。建筑师用同样是灰色的金属网状物包裹在旧建筑外部，墙面上布满了一种激光切割的不锈钢格状结构，现在街区形成了一整片多孔的壳体，使后部现有建筑的历史表皮在其中隐现。人们对建筑的认知方式变得复杂、重叠，常常建立在对比的关系上，例如明亮与昏暗、轻巧与深奥、清晰与模糊、具象与抽象等。这种具有防护性和私密性的结构体系，使建筑远离各种突发性事件的同时，内外表皮的叠置，使历史信息的传递变得模糊且异样。所有历史信息的传递，都被金属网格的肌理打上烙印，历史与现代在表皮界面发生碰撞，融合后传递了出来。另外，不锈钢金属网以及大面积开窗为建筑的室内空间带来特殊的光影效果。建筑物高8层，其内部工作空间的安排、材料的处理以及色彩氛围的掌握等，都与这个光线设计的大主题相呼应。亮面的地板使得来自立面的光线能够在此反射进入建筑物内部。室内交通流线与办公室之间的隔墙采用雾面玻璃，不仅增加走道空间明亮的特性，也确保了工作空间必要的私密性。这

a）建筑外观　　　　　　　　　　b）隐约可见的旧建筑　　　　　　　c）双层表皮

图4-26　法国文化交流部[142]

些交通空间是名副其实的光盒子，来自外部道路以及内部中庭花园的自然光线在此交叉穿透（图4-26）。

　　日本建筑师妹岛和世设计的西班牙瓦伦西亚当代艺术博物馆（IVAM）改造项目也是一个经典的例子。建筑师将新馆的表皮整个罩在了新旧建筑体量之上；新表皮由穿孔金属板构成，透过透明的皮肤，IVAM旧馆仍旧隐约可见。白天，穿孔金属板使博物馆大厅形成半室内半室外的自然氛围。夜晚，新的表皮被灯光照亮，呈现出视觉的完整性与连续性。新旧建筑表皮的相互叠加，使旧馆的历史信息与新馆的现代气息完美融合。建筑表皮的更新使建筑新旧空间构成了更为自由的相互关系，新旧表皮叠合构成了更为崭新的城市形象（图4-27）。

a）建筑外观

b）表皮与城市形象

图4-27　瓦伦西亚当代艺术博物馆改造[143]

4.2.3.3　地方材料的应用

　　地方材料的应用可以使建筑与场所建立起某种联系。地方材料不仅仅指本地出产的材料，也指周边建筑物或人造物大量使用的材料，或与所在环境中某些自然材料的颜色、质感、形态等能够产生共鸣的材料。通过材料的运用，并突出它的场所特质，可以使建筑物与环境之间产生某种内在联系，建筑物仿佛植物一样根植于所在的土壤与环境。不仅如此，从环境中获得构造的启示，从而使材质与自然环境之间产生更深层意义的构造逻辑的一致性。或者与自然界中的材质同构，或者以特殊的构造形态来适应特殊的自然环境。这不仅体现出建筑对环境的尊重，也体现了设计者对于自然材料内在逻辑的尊重。

　　对于材料的认识不应该只停留在物质层面上。人们长期生活在相同的地点，对于材料的体验具有体验上的深层共鸣。这些材料的质地、肌理和色彩等，承载了整个环境的精神需求，构成人们记忆和情感的深层内容，更容易唤起人们心理的认可。

伦佐·皮亚诺（Renzo Piano）在南太平洋岛屿新加里多尼亚的卡纳克文化中心（Kanak）时，从土著部落的居住形式得到启发，在建筑表皮形态中强烈地表达了当地的传统，并将它们转化为可建造的表皮形态。建筑师运用大量未经处理的木材配合不锈钢组合，强化了表皮的地域特色。建筑平面采用卡纳克传统民居的圆形平面形式，使表皮形态也呈现弧形。表皮的"帆形"形态的线条，是对岛上常年的主导风向作出的反应。建筑物和周围植被建立了一种亲密而形象的联系，特别是具有显著特点的高大的松树。制作肋骨支架和板材的木材是一种名为"Iroko"的杉木，这种木材性质稳定，可以防白蚁，不需打磨和保养，而且可以自然风化成为一种灰色的类似于镀锌钢材的外观。这些都是建立在对环境的深入分析，以及场所精神的提炼的基础上的。在这组地方性特色的表皮建构之前，皮亚诺的设计组做了1∶50的表皮模型，来模拟真实的情况，对这组表皮所能营造的微气候环境进行了预测，并为建筑表皮预先设定了几种调节气候的模式。落成的建筑由三组尺寸、共10个棚屋式表皮组成。在每个棚屋的周围，围绕着整个圆周四分之三的肋骨支架，由薄木片制成。里面的一排是直立的，外面一排则是弯曲的。这个方案看起来浪漫多于理性，通过对环境的深入分析，建筑师以原生态的材料为基础，塑造了新型的建筑表皮形态。整个设计和组织有机地结合了当地的条件，包括地点、气候和卡纳克文化和人们对未来的期待，以及精巧的建造和构造逻辑。这种形态来源于环境，是对环境深层次的提炼，暗含了场所精神（图4-28）。

a）表皮外观   b）表皮模型

图4-28 卡纳克文化中心[144]

由卒姆托设计的圣·本尼迪克特小教堂（Saint Benedict Chapel）建造于一个小山坡上。建筑的平面呈水滴形。建筑几乎完全用木材建成。木片取材于当地，与周围小镇上的木质住宅相协调。木柱支撑着鱼骨状结构的地面与屋顶。10cm见方的木片覆盖着整个建筑的表皮，全部通过手工钉在其后的木夹板围护结构上。面向主导风向的一侧，木片常年受到雨水的侵蚀而变成灰白色；而在背风的一侧，木片则保留了饱和度较高的本色。两种颜色在水滴形的钝端交汇并柔和地渐变。这个小建筑仿佛生长于这个山坡之上，而且具有生命力，随着时间的推移而发生着奇妙的变化。人们通过表皮材料，可以解读出环境对于建筑的影响，以及建筑对环境的反馈（图4-29）。

4.2.4　城市信息的情境关联

伯纳德·屈米曾说过："建筑不仅仅是造型的问题，而且成为都市文化的载体。建筑师不仅仅是设计某种形式，而是创造社会性的公共空间……"城市是人们生活的容器。城市信息的痕迹必将在建筑以及建筑表皮上留有印记。建筑对城市信息的转译多运用空间的手段，表皮对城市信息的转译则源自观念的转化和视觉的呈现。城市文本包涵城市空间、城市文化以及城市生活等。这些抽象的意识形态经过表皮的物化而被人们所认知。

4.2.4.1　城市文化的表达

城市建筑的表皮形成了城市风貌，积淀了各个时期的城市文化，蕴含了丰富的人类文明。建筑表皮的设计不单纯是美学和技术的问题，还体现了传统文化的特色。建筑师将其对文化的理解转译成表皮设计的主题，以视觉的方式传递信息，展示了对特色文化的反思与昭示。当代很多建筑师将这种对特色文化的理解转

a）表皮外观　　　　　　　b）表皮细部

图4-29　圣·本尼迪克特小教堂[145]

化为表皮创作的源泉和手段。

例如，日本的传统建筑，由于地震的威胁，多采用木制。由于材料的耐腐蚀性差，因此常常在短时间内需要翻新。不仅如此，日本在火山、季风和海岛的特殊气候条件下，形成具有强烈临时感的独特民族性。其特征表现在：发自精神深处的不安全感、对浮华现世的短促感、对无常大自然的无力感，以及对矛盾冲突的模糊兼容态度。在这种特殊的文化背景下，伊东丰雄发展了短暂建筑的理念，创造了"透层化建筑"。将建筑表皮上升到哲学思考的范畴。最大限度地使用玻璃，以使建筑抽象化而远离其物质性，为建筑增添与临时装置相似的易碎性。通过对透明性的各种演绎，反映了对日本东方哲学的追随。

另外，不同建筑师所持有的不同设计理念，也来源于他们生活的城市以及这个城市的文化特点，它们潜在地影响了设计者的艺术理解，进而影响了他们的设计风格。例如，同为日本本土文化熏陶下的建筑师妹岛和世，她所创建的"暧昧美学"也受到世人的瞩目。她的作品简约、冷静、精致、暧昧，强调对空灵感的表达，再现了白色、轻盈、朦胧和飘逸的空间，并且在其中加上了冥想的气氛，体现了带有禅宗的日本书画特色。同样是对日本传统文化的现代演绎，妹岛与伊东丰雄的作品风格，却有着非常大的差异。

色彩也积淀着城市的文化。许多地区在长期的发展过程中，形成了具有浓郁地方特色的色彩使用习惯。在建筑表皮设计时，有意识地选用地方主色调，将代表地域特色的色彩构成方式、色彩比例配置、色调搭配等提取出来，作为当代建筑表皮设计的色彩构成依据，甚至成为表皮表现的主题，将有助于人们对建筑的城市文化和传统特色予以识别。世博会建筑当然需要有民族文化的标识性，选择具有文化象征的色彩是一种非常简单、直白的方法。由于西班牙首府马德里盛产陶瓷，因此，2005年爱知世博会西班牙馆的建筑师从那儿运来了1.5万片不规则六角花格陶砖，选择柠檬黄、黑、橘红、赭石、深红、洋红6种颜色，表现地中海的鲜艳色调，好似一幅绚丽的点彩派画作。六角形釉面陶砖组合而成的装饰性表皮高11m，厚25cm。距内部本体建筑外墙壁3m。釉面陶砖全部用再生材料做成，经过抛光处理后，表面光洁如镜，其浓烈的色彩所营造出的热情奔放的西班牙风格，吸引了众多参观者。不仅如此，建筑师对表皮的四个面的通透性还做了不同的处理：在建筑的南面和西面，表皮以遮阳为主，大部分采用实心砖，仅留少量空心砖用以通风；在建筑的东面和北面，则以通风为主，采用大量的空心砖。实心砖的组合巧妙地形成"西班牙"的日文、英文、拉丁文字样。每块陶砖的造型设计即考虑到拆卸的可能。在展览结束后，可以将建筑重新拆装，转移到任何一个需要的地方。西班牙馆不愧是一个"文化创意产业"的典型代表（图4-30）。

a）表皮外观

b）双层表皮　　　　c）彩色花格陶砖

图4-30　2005年爱知世博会西班牙馆[146]

世博建筑一向是各国建筑师的先锋试验场。2010年上海世博会波兰馆是三个年轻建筑师的作品，建筑的构思来自波兰民间的剪纸艺术。简洁的外形和亮丽的色彩让这座建筑显得非常夺目。波兰剪纸常用艺术化的花草树木和家禽动物为题材，包括单色对折剪纸和一种剪贴式剪纸，剪出基本图形后在上面层层贴上不同色彩的部分。建筑的目的不是简单地照搬民间艺术，而是成为对民族传统的新的诠释，在世界博览会这个集大成于一园的环境中，突出地方的文化特征。建筑的表皮由镂空的三合板构成，入夜时分，当灯光开启时，色彩变换、光影婆娑，整个建筑显示出梦幻般的效果（图4-31）。

4.2.4.2　城市生活的体现

建筑表皮所形成的城市景观必然影响到人们的城市生活，人们的生活也可以通过一些途径转化成建筑表皮的景象。建筑生活观，是指在"以人为本"原则下，建筑为人的物质生活与精神生活服务。它要求建筑能够支持人的心理与精神方面的需求，以负载人类

a）建筑表皮

b）表皮纹理

图4-31　2010上海世博会波兰馆[148]

a）表皮外观

b）表皮模块

图4-32　埃伯斯沃德技术学院图书馆[31]

的历史文化积淀。建筑生活观要求我们每一个建筑师必须具有关注生活、研究生活的态度，这是建筑设计的基本出发点，也是建筑本质价值观的具体表现。[147]

德国埃伯斯沃德（Eberswalde）技术学院的图书馆（德国，1999）即是一个大胆的尝试。为了唤起人们对历史生活的回忆，赫尔佐格和德梅隆将德国艺术家托马斯·罗夫收集的反应地域传统生活的旧照片作为题材，运用丝网印刷术连续地印制在建筑的外立面上。所有玻璃和预制混凝土面板均被图案所覆盖，每个面板显示一个图案样式，而每个图像在水平方向上重复66次。玻璃采用的是通常的丝网印刷术；混凝土采用延缓剂代替墨水进行转印，拆模后的混凝土使用延缓剂的部分用水不断冲刷，留下网点状的灰黑色图像。从而使玻璃和混凝土砌块具有了相近的色泽和肌理。从远处看，几乎很难将玻璃和混凝土区分开来。这些图片仿佛在讲述一个故事，以这种最直接的方式展现一个时代人们的生活状态。这幢建筑引发了大量的评论与争论，这种方法到底是简单的转印，还是具有丰富的内涵，且不去评说。但这个建筑表皮确实开辟了一种新的表皮认知方式。表皮的图像化，将具有空间维、时间维的社会生活场景，转译成二维的图像，完全借鉴了影像技术，它所关联的信息能够使不同的观赏者产生不同的心理共鸣，并且通过对图像的选择，间接地表达出设计者对生活的理解（图4-32）。

4.2.4.3　城市空间的模拟

建筑的表皮深刻影响着城市的空间构成，群体转译是一个更大范围的城市界面的文化概念，城市肌理通过表皮塑造的建筑形态而在建筑群体中得以表达。通过群体建筑表皮的整体设计，形成一个区域内界面的动态趋势；通过表皮的分割，划分出空间的形态，从而创造出对旧的城市空间的文化转译或对新的城市空间的文化创造。这种表达是联想性的，是意义上的；是建筑设计的方法，也是受众认知的内涵。它不可能还原成一系列结构或机械系统，而具有强大的拓扑变形能力，能够改变现有城市的肌理，它的形式不是孤立的，而是更大程度将自身作为城市空间的延伸。

通过建筑表皮的组合设计，对城市形象的标志性、城市空间的连续性、城市秩序的协同性都产生了非常重要的影响。建筑群体通过多个建筑单体表皮的整体化设计，具有了城市空间的属

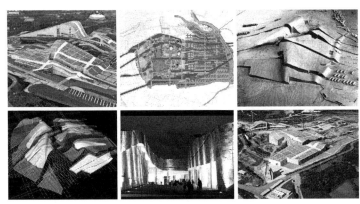

图4-33　加利西亚文化综合体[108]

性，是对城市文化的转译。

　　彼得·埃森曼设计的西班牙圣地亚哥·德孔波斯特拉城的加利西亚文化综合体（西班牙，2011）是一个里程碑式的建筑（图4-33）。建筑师通过提取旧城的空间结构肌理，作为建筑存在的内在依据，在新生建筑与原有场地之间建立一种新的面向未来的对话关系。形成新的城市脉络的延续。建筑占地173英亩，将山坡地景整体转化为一个建筑综合体。道路与建筑的倾斜关系、波状的建筑形态、狭长的广场等，有效地将圣地亚哥旧城古老且极具宗教色彩的历史记忆置换到新的建筑群体当中。设计由三组信息的相互叠加衍化而来：首先是将中世纪时期圣地亚哥古城中心的街道平面映射在由俯瞰全城时所得的当地地形的拓扑形态图上；其次，将规整的现代笛卡尔坐标网格系统与这些中世纪时期的旧城街道路线图相重叠；最后通过数码建构软件，将当地山坡地形的拓扑形态扭曲并转换为两个呈水平向延展的几何形态，从而生成具有该地区地形特征的曲面。[50]彼得·埃森曼将航海制图学中的墨卡托投影法引入建筑学，用当地典型的石材覆盖于原有山坡之上，形成建筑的表皮。这种地域性的材料以及与原有地貌相近的表皮形态，使文化中心更像是在原有基地拓扑衍生出来的。因此，这个建筑不仅是解构主义的，它还是文脉主义的。它独特的表皮形态让当地人们感受到曾经熟悉的城市空间肌理，这种感受随着新建筑群体的诞生而被重新认知，似曾相识的存在形式使新建筑承载了大量的城市信息。

　　Kartal-Pendik区域规划项目（伊斯坦布尔，土耳其，2007）

是扎哈·哈迪德事务所为土耳其伊斯坦布尔东侧新城区的未来发展所做的概念规划。设计的总体形象呈现出经由模拟伊斯坦布尔城拓扑形态而得来的一系列平滑的建筑群组景观，其概念就是通过建筑群体界面的动态趋势，来表达伊斯坦布尔城充满活力的城市空间形态。[50]整个规划将现存城市肌理编织于新城规划当中。高密度的建筑区与低密度的建筑区，通过整体表皮的边界形态，从基地一侧向另外一侧转化与渐变，从周围的城市文脉逐渐向基地高密度的崭新发展平稳过渡。区域内部每个建筑都不是独立的，也不能单独看待某个建筑的表皮，它们是整个建筑群体空间表皮的构成元素，通过这种方式，平衡着可识别的城市新环境与周边旧环境之间的矛盾（图4-34）。

通过整体设计，形成新的空间形态，这种形态并不是单纯的原有城市空间的模仿，而是以一种新的存在形式，唤起人们对于原有城市空间的记忆。这类建筑表皮多运用参量化设计的方法，采用类似地理学的群聚理念将类似的几何形体要素组织起来。设计的过程中需要借助大量的计算机辅助方法，由于环境因素的复杂和设计的理想化，目前大多设计仍处在图纸阶段，真正的实施仍有很大困难。

4.3　受众对表皮信息的社会化反馈

传播与反馈是传播者与受传者之间以信息为中介的相互作用行为。在空间上表现为来回往返的交流关系，在时间上表现为承接延续的因果关系。建筑表皮的信息传播不是一个点对点的传播，而是大众化的传播活动，影响着大众的日常生活、思维方式和行为取向。因此，有必要将受众对建筑表皮的认知扩大到社会

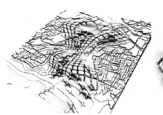

a）参量的编写与体量的生成　　　　　　　　b）电脑模拟效果图

图4-34　伊斯坦布尔区域规划[50]

范畴，以便更充分地认识传播的作用。

本节主要从受众社会行为的层面，对受众认知发生后，带来的社会观念等的变革进行研究。

4.3.1 受众反馈的机理

（1）**反馈的概念** 反馈是"解码者对讯息的反应而返回编码者的过程"。

在人自身的内向型传播，可以将人的"主我"或"自然我"看作是传者，将"客我"或"社会我"看作是受者。主我执行自我传播的功能，主导信息传播的特点；客我发挥反馈的作用，向主我表达客我的态度和见解，也称之自我反馈。这是一个吸取、消化、自我反省的过程。

在人际传播过程中，传播者与受传者之间是一种面对面的近距离的信息交流，传受双方可以直接感受到对方。此时的信息双向交流是最容易实现的。信息反馈具有直接、及时、速知等特性。在建筑表皮信息传播过程中，这种直接反馈较少，但也是时有发生的。建筑师经常通过项目回访、座谈等形式，直接获取受众的反馈意见，这种一手的资料，对建筑的改善具有非常有效的作用。

在大众传播过程中，传受关系更为复杂。对于建筑表皮的信息传播，正是以大众传播为主、其他传播为辅的传播方式，因此，信息的反馈也是一个复杂、交叉、循环、往复的过程。它综合了自我反馈、人际反馈、大众反馈等多种反馈方式，笔者称之为社会化反馈（图4-35）。

（2）**社会化反馈的作用** 人的思维活动是一个通过对感知记忆的表象信息进行加工改造，并在此基础上创造出新的信息的过程。这些再生信息进入社会当中，必然影响到对社会其他方面的

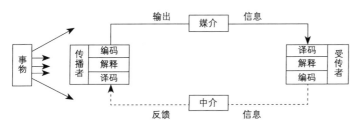

图4-35 大众传播中的反馈图示[14]

认知理解。

　　建筑表皮是一门以视觉为主的艺术形式，它对美的表达是最直接、最重要的。建筑表皮的美学表达，在建筑发展的任何一个阶段都没有间断过。由于建筑的大众性，建筑表皮的美学信息必然潜移默化地影响到社会的审美观念，改变城市的生活景象。设计者自身对美的认识，同样来源于生活经验和学习过程，因而，这种认知也始终和整个社会的审美倾向息息相关。社会文化心理的变化与建筑表皮审美意识的变更是相互作用、互为影响的；而这种影响的发生，正是在传播与反馈的过程中实现的。由此可见，建筑表皮信息的社会化反馈是多种反馈共同作用的结果。

　　社会化反馈的作用存在着积极与消极两方面的影响，传播者需要正确面对。注意吸纳多数受众的反馈意见，注意听取传播学者和有关专家的反馈意见，注意征求同行、同业的反馈意见，注意疏导庸俗需求、引导不良倾向。建筑师应该刺激、适应和满足受众的接受需求，但又不能屈从于社会上的一些不良倾向，而且要对持有这些需求的受众加以思想疏导，为他们提供科学、健康、积极的信息内容，帮助他们树立正确的审美习惯与接受标准。

4.3.2　社会审美需求的嬗变

　　建筑表皮具有审美的社会功能。表皮的形式变化，体现了当代大众的审美需求和审美趋向的变化。大众文化已经成为当代主要的文化因素，并且随着市场经济的成熟而变成都市中大众共同的生活方式。大众的审美活动不断地打破旧有的审美标准而发生新的变异。当代建筑表皮审美出现了两个方向的嬗变：审美生活化和审美奇观化。

4.3.2.1　审美需求生活化

　　大众社会的来临，正逐渐改变着人们对建筑的审视模式，人们越来越习惯于把建筑当作生活中的一个平常事件来对待。艺术已经渐渐地走下神坛，当代社会已经将普通生活与日常经验融入艺术当中，生活是丰富多彩、生动鲜活的，它与人之间的亲密关系使得它能超越表面的形式，真正地触动人内心深处的情感。建筑表皮渗透生活情趣的本意是为了突破传统美学的构图法则，转而以一种更加轻松、自由的方式使其更加贴近生活。然而，艺术的生活化并不是将现实生活"不加修饰"地直接使用，而是源于

生活、高于生活的一种审美形式；是将生活中原本人们容易忽略
或者认为不具美感的普通事物经过"艺术化"的处理使之具有了
美的属性和特质。建筑师不应忘记美是与生活紧密相连的，应该
学会从日常生活中汲取灵感，通过对真实生活的理解和感悟为建
筑表皮注入更加生动、丰富的信息。建筑师还要在设计伊始建立
清晰的建筑理念，明确通过表皮所要表达的主题和意义，进而将
其转化成容易被受众感知的美。

　　当代一些建筑表皮采用了图案绘制的方法，直接将彩色缤纷
的艺术作品通过各种方式转印到建筑表皮之上，三维的建筑符号
被转化成最易于解读的二维艺术作品，作品的题材常常与建筑的
功能或环境氛围相契合。弗朗西斯·索勒设计的多克姆公寓（图
4-36）（巴黎，法国）是一座典雅而考究的居住建筑。建筑师为
每个房间安装了从地面到天花板的玻璃窗和滑动门；外部是上清
漆的黑色铝，内部是双层木框玻璃窗。玻璃外墙印有彩色珐琅图
案，图案采用的都是交通工具、植物、生活用品等与生活息息相
关的图案。建筑师将建筑的内部生活与表皮的艺术设计以一种内
在的逻辑联系起来，表皮特殊的处理方式，也使建筑显得格外引
人注目。

　　建筑形式的美感并不仅仅来自于对形式本身的客观感受，也
来自于大众对其符号意义的体验，来自于将形式升华为氛围、情
感的游戏。当代的建筑形式审美已成为一种视觉文化、一种符号
美学。卢塞恩交通博物馆位于瑞士卢塞恩市老城区，是欧洲最大
的以展示交通运输工具为主题的博物馆。它临街而建，从建筑的
表皮即能知道这座建筑的用途。因为立面的槽形玻璃内部镶嵌着
各种交通工具所使用的机械部件，包括各种尺寸的车轮、推进
器、涡轮机、齿轮等。这些有趣的机械部件被建筑师锚固在保温
板前面的金属网上，参观者爬上博物馆顶层可以俯瞰湖岸的敞
廊，可以从内侧近距离地观察到它们。由于槽形玻璃的透明性相
对较低，使得人们在外部观看时能体会到不同的视觉感受。这面
精致的展示窗时而展现自身内容，时而反射对面的停车场，显得
朦胧、生动且富于变化[149]（图4-37）。

　　魏曼打印机办公大楼（图4-38）（埃德，荷兰，1997）是一
座艺术印刷企业的大厦，距离市区不远，坐落于一片生产基地
区。建筑表皮的底部呈深色，底座上部为白色的玻璃体，形成强

艺术作品

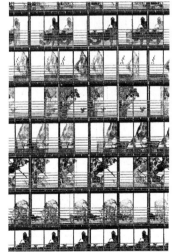

巴黎多克姆公寓玻璃幕

图4-36　艺术作品转化为建筑表皮[32]

图4-37　卢塞恩交通博物馆

图4-38　魏曼打印机办公大楼[32]

烈的对比。玻璃片安装在一个用白色薄膜绝缘板构成的非常轻巧的框架上。每块玻璃上装饰了1m高的巨大字母，是荷兰诗人施博尔（K.Schipper）的诗"Maskerade"，采用的是马特设计的黑体字。字母在白色薄膜上映射出影子，使表皮看起来好像一张薄薄的纸片。这个建筑的表皮就像一个巨大的广告牌，暗示每个经过它的人：这是一个与"字母"有关的建筑。字母所形成的艺术效果、诗歌等，均来源于生活，高于生活。它们更容易与大众审美建立情感上的共鸣，满足他们在大众时代的审美需求。

　　然而，大众消费使具有审美功能的建筑表皮大规模生产并市场化的同时，也带来了建筑形式庸俗化的现象。如肤浅地附加到建筑物形式上的装饰和装潢，夸张的尺度和过于戏剧化的细节等。当建筑表皮过于注重材料、语汇、色彩、符号等的拼贴游戏，而疏忽了其内在的审美体验的时候，就导致建筑表皮表层化、肤浅化。

4.3.2.2 审美需求奇观化

当代社会是充满奇观的社会。法国理论家居伊·德堡（Guy De-bord）在其《景观社会》一书中写道："在现代生产条件蔓延的社会中，其整个的生活都表现为一种巨大的奇观积聚。"理论家约翰·萨卡拉（John Thaekara）在他选编的论文集《现代主义以后的设计》中，对现代主义所遭遇的问题提出了他的看法。他认为，现代主义采用同一的设计方法对待不同的问题，以简单的中性方式来应付复杂的设计要求，忽视了个人的要求和个人的审美价值。因此，个性张扬是大众社会的必然结果和重要特征。当代建筑设计者吸收各种文化现象和特点，不但使大众的审美经验变得丰富多彩，而且也拓展了大众的审美范畴。由建筑奇特的表皮景象，来表达"不寻常"的意义，激发世人的注目成了一种策略。建筑表皮尽可能地随着想象力狂舞，透过优美的舞姿，观众的眼睛及心灵都同时获得了愉悦和情感上的满足（图4-39）。

西班牙的毕尔巴鄂古根海姆博物馆便是当代建筑表皮奇观的先例，它树立起了一种对新奇形式的基本要求——不断变化、求新求奇。它的成功使得建筑奇观现象在当代成为流行。建筑表皮极尽复杂之能事，所有的界面均为不规则的双曲面。仿佛是一场视觉盛宴，在盖里的指挥棒下，舞动出不可思议的乐章。这个表皮形态，至今仍很难纳入时尚流行的循环当中。然而，毕尔巴鄂博物馆的成功，不仅仅是因为它所带来的视觉冲击，而是在这个奇观景象背后，引发的社会、经济、文化等方面的"触媒"效应。毕尔巴鄂是一个西班牙北部的小城，曾经是欧洲重要的工业

图4-39 建筑表皮奇观[27]

基地。但高度的工业化却带来了环境的污染，随着工业时代的结束、传统经济的衰退，这个小城已经到了衰败的边缘。正是这个具有国际性的当代艺术中心带给毕尔巴鄂新的文化威望；城市知名度的迅速增长，招揽了大量的游客，激活了城市的经济。形成了"毕尔巴鄂效应"。该馆首年接待游客超过140万人，远远超过预计的40万人，带来超过百亿美元的周边效益，为城市居民创造出3800个新的就业机会。直接门票收入和带动的相关收入占该市年收入的4%和20%。毕尔巴鄂这座大西洋沿岸的港口获得了国际声誉。这种声誉不仅仅是城市创立者有意识地将毕尔巴鄂推向世界舞台的结果，还展现了一个奇观景象惊人的影响力（图4-40）。

库哈斯对当代都市文明一个又一个的狂想，不断地以奇特的形式体现在他的建筑当中。CCTV新总部大楼使库哈斯又一次成为极富争议的建筑师。CCTV的建筑形式无疑是北京都市建筑的奇观，它打破了高层建筑直立的传统形式，挑战了中国传统的消防规范，强烈的视觉冲击力使其毫无争议地成为北京高楼林立的CBD区域的标志性建筑。建筑表皮根据结构受力，形成了看似毫无规矩可寻的复杂交错的表皮肌理。笔者认为，对于建筑个体，表皮的奇观景象是成功的。它不仅满足了城市大众的视觉需要，以其张扬的建筑形态和无章可循的表皮肌理吸引了大众的眼球。而且表皮的玻璃尺度和划分完全遵从于建筑的结构逻辑，是受力传递的真实反映。但对于城市环境而言，建筑则完全脱离于环境以及区域文化；因此，这个奇观景象成了一种缺乏真实感、缺乏内涵深度的单纯的视觉景象（图4-41）。

a）毕尔巴鄂古根海姆博物馆

b）毕尔巴鄂的城市景观　　c）首年带动其他经济增长值

21%
6%
34%
26%
13%

■旅游业
■交通业
□餐饮业
□商业
■博物馆自身

单位：百万美元

图4-40　毕尔巴鄂古根海姆博物馆对城市的影响[150]

　　另外，市场经济与大众消费也造成了对建筑表皮形式的片面追求，导致一些建筑师对奇怪形式的盲目追随，却忽视了对潜在问题的批判性思考：这些奇观景象过多久会被大众所厌弃？会不会成为乏味的过时品？建筑学毕竟不是一种图像工业，我们在追求建筑创意的同时，更应该考虑这些景象的深度内涵，只有有深度的个性化设计，才能持久地留在人们的心里。事实上，由于受众结构和受众心理的改变而使大众走上前台，这固然是我们应该充分面对的事实，但由此而产生的大众文化却未必全是健康进步的，这才正是我们所面对的大众社会的复杂性所在。"一味地顺应受众的需求绝对不是应对大众时代的万全之策。因此，研究、分析和鉴别受众的需求，并学会如何创造新的需求，引导受众的品位，建立健康的传受互动关系，才是当代社会审美认知的关键。"[14]

4.3.3　社会生活模式的转化

　　建筑的表皮构成城市景观，并影响大众的生活方式。当人们游历于城市之中的时候，对于城市建筑的感受主要来自于对建筑表皮的认知。

　　建筑表皮传递的信息在不断变化，具有强烈的时代特征；大众的生活方式也在不断变化，追求个性与风格的自我表达。建筑表皮不仅仅形成单一的生活方式，而是通过对受众审美需求的满足以及自身审美的变异，不断地向大众展示新的生活景观，拓展新的生活模式。这些都是表皮对于社会的深层影响，是潜移默化的。

a）CCTV新总部大楼　　　　　　　b）CCTV新总部大楼与城市景观

图4-41　CCTV新总部大楼的城市影响[151]

a）传统街道表层景观　　　b）现代街道表层景观　　　c）当代街道表层景观

图4-42　街道表层景观的变迁

4.3.3.1　城市表层更新生活场所

凯文·林奇说："城市不但是成千上万不同阶层、不同性格的人们在共同感知（或是享受）的事物，而且也是众多建造者由于各种原因不断建设和改造的产物"。城市是相对于自然世界的人工世界，它表现为大量建筑表皮共同形成的城市景观。"阅读城市"、"读城"都表达了城市可以像书一样被阅读，甚至是交流和对话。城市不仅是空间的场所，也是符号的场所；建筑不仅是构筑物，也是具有广泛意义的信息机构。对于城市表层的理解，正是基于城市建筑表皮的基础之上；城市表层的信息，正是城市建筑表皮信息的集合（图4-42）。

保罗·维维里奥指出："当代正进入一个世界，这个世界不是一个现实而是两个现实，即真实的现实和虚拟的现实。在电视、时尚、广告、电影中的视觉艺术在虚拟与真实之间同构和重叠时，大量的影像被操纵、复制和生产"。[152] 这不得不促使建筑师认真思考，在这种新型的文化形式之下，建筑表皮应该是一种怎样的存在状态。多媒体数码屏幕的应用，使媒体化的表皮与环境以及人发生体验性互动。数字时代，实体与媒体混淆，形式与信息混合，使得建筑与使用主体之间的关系在数字技术和影像技术的介入之下，有了从原来的"独立"走向"体验"的可能。将数字技术提供的虚幻图景与现实结合起来，形成影像的消费。

法国建筑师让·努维尔是让·鲍德里亚消费社会理论的实践者、建筑表皮信息化的极力倡导者。他运用新的信息技术把建筑表皮转化成信息的屏幕，一种"装饰性的外表包装"，以此来反映媒体时代特征。他设计的法国欧洲里尔商业中心（Euralille），灰色背景的建筑表皮上点缀具有跳动感的信息符号和印在玻璃幕墙上的图案，立面图像和租户的标识创造了动态的表皮景象，显示了大都市公共意向的整体界面传递出的"虚拟现实"。建筑内部的商业活动通过表皮影像呈现出来，使大众能够简单、直接地感受到建筑内部的企业文化与商业氛围。虚拟的动态景象改变了我们对建筑视觉审美的范式（图4-43）。类似的利用液晶显示屏作为表皮主要构成的实例还有很多。这些影像所呈现的内容必然和建筑的内部功能或文化内涵相关联。

我们不得不承认：当代建筑表皮的奇幻景象给人们带来了视觉和身心上的极大快乐。人们在虚拟幻象前得到巨大的满足感。然而，另一方面，我们不能不对图像样式和布景在建筑中的滥用表示担忧，认为建筑脱离所处情境的盲目形象自大化导致的布景或断裂的城市景观的出现，将面临失去文化深度的危险（图4-44）。

4.3.3.2　表皮符号促进社会消费

建筑表皮是建筑与城市大众交流的主要媒介。建筑表皮的形式一直在或多或少、潜移默化地影响并示范着大众的生活风格。当代社会建筑表皮所表现出的生态节能、数字化技术以及人性关怀等时代表征，同时引领着大众的生活方式。同时，建筑表皮的多元化所导致的审美泛化与审美异化的特征，给城市居民带来了越来越多的选择。大众可以选择适合自己审美需求的生活环境。此外，个性的张扬使个体不断追求"自我实现"，人们对精神层面的需求越来越高。建筑表皮对个体的生活方式而言，旨在改善

a）表皮外观

b）变化的影像

图4-43　法国欧洲里尔商业中心[153]

图4-44　纽约时代广场[31]

图4-45　北京三里屯village

图4-46　Louis Vuitton品牌[155]

大众的日常生活质量，满足大众日益提升的精神需要和心理需要，由于作用力与反作用力的原理，大众的心理需求将会不断地推动新的建筑形式以及新的建筑表皮的出现，以此来适应新的生活方式。

随着由生产型社会转化为消费型社会，表皮逐渐成为推销建筑的包装，它被偶像化、欲望化和符号化了。表皮本身、表皮所传递的视觉信息、心理信息等都发生了变化。表皮在形式的生产、理念定位、形式塑造等方面，其消费性占据了越来越多的位置，甚至成为表皮设计的支配性力量。以视觉为表现形式的符号体系，对于控制大众的建筑表皮审美情趣发挥着极大的作用。大众和业主所关心的，已不再是表皮本身，而是符号的价值。图片、影像以及电子传媒使建筑表皮成为社会关注的焦点。在多媒体文化的影响下，建筑表皮将人们带进了一个由娱乐、信息和消费组成的新符号世界，通过一个个媒体符号，激发人们对消费的渴望[154]（图4-45）。

符号价值成为消费的核心。所谓符号价值，就是指物或商品在被作为一个符号进行消费时，是按照其所代表的社会地位和权力以及其他因素来计价的，而不是根据该物的成本或劳动价值来计价的。鲍德里亚提出，物的效用功能并非真的基于其自身的有用性，而是某种特定社会符号编码的结果。表皮设计通过将美丽、富足、高科技和好生活等符号信息附加在建筑表皮之上，当表皮与华丽、奇异、奢华等符号特性联系在一起的时候，其本身就不那么重要了。当漫步在日本东京表参道中，一种奢华的感召力会扑面而来。无论是以"双表皮"表现奢华魅力的Louis Vuitton旗舰店；还是以"浪漫主义"风格诠释奢华特色的TOD'S旗舰店；抑或是以"裙褶"打造奢华魅力的Dior旗舰店，都刻上了奢华的烙印，表皮已经成为一种符号，凸显着世界顶级奢侈品尊贵的地位，激发人们消费的热情。许多服装品牌店的表皮将企业的理念移植到建筑表皮的设计当中，创造新颖的建筑表皮的同时，也打造企业的品牌效应。

几乎所有Louis Vuitton旗舰店的表皮都暗含着LV品牌的方格图案。建筑师通过对企业产品以及企业文化的深入研究，以其企业文化为表皮设计的出发点。不仅彰显了企业的文化内涵和企业的生产实力，而且通过表皮符号的暗示，促进了人们的消费心理，是对企业产品的一种特殊的宣传手段（图4-46）。关岛的Louis Vuitton旗舰店由建筑师Barthelemy设计，这个建筑的表皮非常直接地将LV的标志通过艺术处理，制成便于操作和安装的人造石构件，悬置于不锈钢支撑结构上。格栅板的洞口区域不仅结合有趣的室内灯光在夜晚创造了迷人的光影效果，同时也能抵御暴风雨的侵扰（图4-47）。日本东京表参道上的LV品牌旗舰店，由日本建筑师青木淳设计。他将人们对奢华品牌的向往利用非传统的表皮处理方式加以阐释。建筑是一幢9层高的盒式建筑，建筑外层表皮为金属网，全部采用不规则的长方体构成，边嵌不锈钢条，网格图案与玻璃材料的组合产生多种多样的图示效果。表皮内层为红色的镜面金属，两层表皮间留有50cm的间隔。当内侧亮灯时，金属网后面的浮法玻璃浮现出黑、白、灰相间的方格形图案。这个方格子构成正是LV公司的标志性符号（图4-48）。建筑师青木淳还设计了东京六本木LV店，建筑总面积只有900m²，临街建筑表皮采用了玻璃和钢，水平排列的3万个直径10cm的玻璃环组合成LV品牌的经典图案。这些玻璃制品如同服装纤维一般互相编织，形成了一种透光、秩序、典雅的建筑立面，为建筑内部提供了足够的采光。玻璃杯之间反射、折射和透射共同作用形成复杂的视觉效果，无数的室内空间的片段叠像通过这个巨型装置向外传递。更细的玻璃管采用更密的组装方式，隐约呈现出巨大的Louis Vuitton字母组合。建筑师通过材料与技术的精巧构思，不仅彰显了品牌效应，而且创造出令人惊讶的新型表皮肌理（图4-49）。巴黎的LV专卖店更是将这种符号语言应用到极致。建筑的形态本身即是一个硕大的皮箱，暗示LV品牌是以旅行箱制品起家。建筑的表皮图案则完全按照LV经典皮包的表皮图案设计。整个建筑看起来就像一个被放大了的展品，在巴黎街头非常具有识别性。这个巨大的展品不仅通过建筑表皮体现了内部功能，而且使建筑本身成为巨大的立体广告（图4-50）。

消费是一个广义的概念，不仅仅是商品的买卖，还包涵其他类型的企业的品牌效应、知名度等多方面的消费意义。任何企业都有自身的企业文化。符号消费在商业建筑中的应用常常比较具象，对于其他类型的建筑，也常常把建筑内部的企业文化在表皮上体现。例如，一些软件公司，将电路板的图案转化为建筑的表皮肌理；一些金融企业将铜钱的图示移植到建筑表皮的构成之

图4-47 LV关岛旗舰店[59]

图4-48 LV东京表参道[155]

图4-49 LV东京六本木[155]

图4-50 LV巴黎[155]

中……过于直白、具象的符号消费，会导致建筑的消费意识过强，建筑的个性虽然提高了，但忽略了建筑对于地域文脉、城市文化的表达，建筑必然脱离于环境，建筑的文化内涵也会相应降低。建筑表皮所打造的生活场景和生活理念诱发了大众潜在的欲望与心理认同，普遍提高了大众对建筑表皮的社会期待，一定程度上助长了大众生活方式中的享乐主义倾向和消费意识的膨胀。

4.3.4　传受关系的社会重构

建筑的表皮作为建筑的主要语言形式，在生产型社会所实现的功能，主要是与少数人的交流和对于大众的教化和引导，传递的是严肃的价值观念。而在当代大众型社会中，随着大众社会地位的提升，建筑已经走进了人们的日常生活，迎合大众的审美需求、体现大众的生活方式。其教化与引导的功能已经转化为建筑师与大众进行沟通的社会功能。

这种传受双方沟通的实现来自于建筑表皮的非物质属性。建筑表皮具有符号意义，可以涉及社会以及文化的关联。建筑师将社会与文化的意义转译成形式符号，使其能够被社会大众所认知。符号意义表述得越清晰，说明建筑师的社会与文化方面的价值观念表达得越充分；相反，则会产生表意不清或表意肤浅的结果。与此同时，大众会对表皮的形式语言产生自己的理解，不同的人群会形成不同的反响。他们对社会生活的理解以及对社会审美的需要，必然会影响建筑师的建筑思想与表达方式。由此可见，当代建筑师与大众之间是互动的，是往复作用的。建筑表皮是他们进行社会沟通的一项重要工具。

由于每个人都处在复杂的社会关系之中，各种社会关系相互交错，构成一张社会关系的网络。因此，个体的社会角色总是受到复杂的社会关系的制约，往往具有多重性。建筑师与受众之间的关系，在不断转换、影响的过程中向前发展。

4.3.4.1　建筑师对受众的作用

建筑师作为传播过程中主动制作与发出信息的一方，他在传播过程中所扮演的角色也具有多重性。在传播过程的初始阶段，建筑师是信息的编码者，做出选择信息、决策信息的行为；当受传者接受信息并发出反应性信息之后，建筑师又成为反馈信息的接受者；之后，他又成为传播过程的改进者。由此可见，建筑表皮信息的传播活动，是建筑师与受众双方共同参与、互为信息传受者的活动。只是，在这个过程当中，建筑师与受众所处的地位和所起的作用是不同的。

建筑表皮信息的传播活动是以建筑师所输出信息作为推动的。因此，建筑师要对所传播的信息进行把关。他们需要控制信息的流量和流向，影响受众对信息的理解。建筑师要承担起引导大众审美方向、促进大众审美进步的社会责任。建筑是建筑师传播信息的工具，表皮是建筑面向社会大众最直接的界面，建筑师正确引导受众的态度有两种方式：一，通过对受众心理的分析，使之与受众情感相契合，并通过建筑设计来强化受众的固有态度。二，强化建筑师的个人理解，改变受众的固有态度，并引导他们向新的方向发展。

（1）**强化受众的固有态度**　受众在与城市的建筑长期相互作用的过程中，逐渐形成了较为稳定的心理结构。建筑设计者为了实现受众的顺畅解读，通常都顺应大众的态度，或趋近于大众的态度，这种方法，可以使建筑表皮的品质更加完善、精致。但是，表皮的传统信息较多、创新信息较少。

采用这种方法，建筑师对大众的需求、审美、习惯等越熟悉，创作出来的作品越容易被大众所接受。因此，建筑师在做设计之前，通常要做大量的信息采集工作。即传播的"前馈"。包括调查研究、实地考察、翻阅相关资料、熟悉受众生活、与业主反复交流、征询其他同类建筑使用者的意见，推测、研究大众的各种需求，在传播之前即制定相应的策略，采取相应的传播行为。

（2）**改变受众的固有态度**　改变受众态度，是传媒进行社会引导的重要方面。对于建筑表皮而言，改变受众的态度即是引导大众的审美水平，使其符合一定的社会价值取向。

接受信息和改变态度是相互关联的一对概念。改变态度的前提即是受众接受信息，但接受信息并不意味着一定能够改变态度。态度涉及人的深层心理结构，要改变比较困难。因而改变态度比接受信息要难，要经历比较复杂的心理历程。因此，需要大众传媒对受众进行引导。这就需要建筑师们长期、不懈的努力。这不是某一个建筑师能够做到的，而需要建筑师群体共同努力。首先需要普遍提高建筑师的文化素养和审美标准，进而通过他们设计作品中所反映出来的先进思想引导大众。只有这样才能改变受众的固有态度，真正实现建筑师的社会责任。

受众态度的改变，主要有即时性改变和持久性改变两类。即时性改变的态度，往往是短时的，往往在一定条件的刺激下，容易发生动摇，恢复原有态度。持久性态度具有较强的防御能力，不容易受到其他因素的干扰，能够经历较长时间的考验。即时性改变和持久性改变没有绝对的分界，当大众传播持续地对受众原有态度进行影响的时候，受众的态度即可能从即时性改变转化为持久性转变。

对于一个建筑而言，无论是强化受众的固有态度还是改变受众的固有态度，都有可能获得成功。但是作为一名优秀的建筑师，则应该时刻铭记自己的社会责任，创造出既能被大众接受、又能引导大众审美的建筑表皮。

4.3.4.2　受众对建筑师的作用

受众的社会选择作用对于建筑发展的影响丝毫不亚于大师们的冥思苦想。在建筑风格和样式的更替迭代的表象下面，是受众结构和心理潜移默化的深刻动因。受众以各种各样的方式与建成的建筑发生关系，它们直接或间接地成为建筑的使用者、欣赏者和评议者。他们在接受建筑所传达出来的信息的同时，也将信息直接或间接地反馈给建筑师。

受众是信息的接收端，对于所传播的信息具有选择权。他们会发表言论、阐述观点并由此展开各种社会活动。他们或赞成、欣赏，或反对、烦感。这些态度并非是一成不变的，随着传播过程的进行，受众也会不断地更改自己的态度。另外，每个受众的固有态度不同，他们的文化水平、接受能力也各有千秋。因此，受众在接收到建筑表皮的信息后，产生的反应是多种多样的。

受众的信息反馈主要包含两个层面：心理层面和行为层面。

（1）心理层面的反馈　建筑表皮信息的传播首先会作用于受众的视觉，受众经过心理反应会产生诸如审美愉悦等心理行为。根据不同信息对受众心理作用的不同，大致可分为三个层次：第一层是浅层次的审美愉快，主要指受众对建筑表皮的关注度和接受度等。第二层是中等层次的审美判断，主要指受众对表皮内容的理解度和认同度等。第三层是深层次的审美提高，主要指受众接受建筑表皮信息时，克服困难的乐观程度、行为反馈的欲望强度和审美水平的提升程度等。

（2）**行为层面的反馈**　行为是人的外部活动，行为层面的信息反馈是受众将对事物的感受转化为行动的过程。建筑设计作为一个社会领域的传播活动，与单纯技术领域的传播有所不同，这是一个发生在社会环境下的活动。建筑设计传播活动的传播者和受传者，都属于社会中的人群，都受到社会环境的影响。另外，建筑设计中各个层面的传播者也是相互作用的，它们之间相互影响，形成无数个传播的子系统，通过"传播"与"反馈"活动，不断补充和修改传播内容。在整个社会大环境当中，这种交流正是推动社会发展的原动力（图4-51）。

图4-51　熙攘的人群

结　语

　　今日之中国正经历着一场深刻的变革，整个社会向信息化转型。人们对建筑表皮的关注大于以往任何时期。建筑表皮在其生命周期内需要满足多种复杂功能，展示多类媒介信息，承担多项社会职责。对于当代建筑表皮的研究不应局限于几何形式的美学设计，而应该更多地关注人与建筑的情感对话和信息的内涵表达。建筑表皮的发展是建筑内部因素与外部条件共同作用的结果，也可以说是时代、社会、建筑师和受众所共同推动、促进的结果。本书从建筑表皮的媒介特性入手，思考和研究建筑表皮如何通过对自身的完善与调整来适应时代要求、传递信息、发挥效用。研究目的在于：

　　（1）利用建筑表皮反映城市生活　建筑表皮构成城市的表层，形成城市景观，并影响大众的生活方式。当人们游历于城市之中的时候，对于城市建筑的感受主要来自于对建筑表皮的认知。通过对建筑表皮的研究，进而研究建筑与人的关系，更切实地体现出对人的关怀。建筑表皮不仅仅形成单一的生活方式，而是不断地通过对受众审美需求的满足以及自身审美的变异，不断向大众展示新的生活景观，拓展新的生活模式。这些都是表皮对于社会的深层影响，是潜移默化的。

　　（2）通过建筑表皮反映社会更迭　建筑表皮传递的信息在不断变化，具有强烈的时代特征。表皮的形式变化，体现了当代大众的审美需求和审美趋向的变化。大众的审美活动不断打破旧有的审美标准而发生新的变异。建筑表皮的变化，映射出社会的更迭以及大众观念的变化。建筑的表皮设计涉及科技、文化、艺术等广泛的领域，一定程度上反映了不同国家、不同城市的经济发展水平和人口文化素质，受众的接受能力也体现出差异。因

此，要建立健康的传受关系，使城市和建筑都向一个良性的方向
发展。

（3）避免建筑表层化现象的出现　建筑表皮的发展给建筑形
态带来巨大繁荣的同时，盲目重视建筑表面以吸引人们眼球的图
像化表皮，使一些建筑失去了深度感，转而变得表面化。建筑表
皮是一种设计方法，是建筑设计的一个切入角度。对建筑表皮的
重视完全不能等同于建筑的表面化。

纵观全文，本书的研究具有以下特点。首先，本书对建筑表
皮经历的装饰化、表情化、信息化的历史发展过程进行归纳，深
刻剖析当代建筑表皮发展的内在动因，总结出建筑表皮的媒介属
性；其次，借鉴传播学的理论与方法，建立起建筑表皮信息传播
的作用机制，将表皮设计的过程划分成信源、编码、译码等阶
段；最后，针对当代建筑表皮的发展趋势和设计动态，对表皮信
息传播的主要阶段分别论述，探索当代建筑表皮的信息传播，以
此指导具体的设计工作。本书的研究意义在于：

（1）将传播学引入建筑表皮的研究当中，将完整的设计活
动作为研究对象，建构了当代建筑表皮信息的传播机制。基于传
播学理论研究建筑表皮，更多地关注大众对于建筑表皮的感受，
以及建筑表皮对于大众的心理作用。建筑表皮不仅仅是表达建
筑视觉效果的载体，同时也是人类生活以及社会文化制度等的
物化表达。

（2）从建筑本体的客观角度，确立了当代建筑表皮信息的源
起与需求。表皮各类信息的传递，都建立在本体需求被满足的基
础之上。表皮是围护功能的满足过程，是复杂形态的表现过程，
是特质空间的塑造过程。表皮最终的生成，是这三方面建筑本体
需求共同作用的结果。充分发挥表皮各系统的职能，是建筑表皮
设计的基础，是信息传播的根源。

（3）以材料、结构、构造作为表皮的传播媒介，揭示了它们
与建筑表皮信息传播方式、传播效果的内在关联。在表皮的设计
活动中，材料、结构、构造都具有其自身的媒介表现性。建筑师
正是通过这些有形的方式，将构思以具体物质手段抽象地表达出
来，从而传递无形的信息。建筑师选择材料的组合方式、结构的作
用方式和构造的表达方式，就是在选择信息以及信息的传递方式。

（4）基于受众对表皮的认知心理，提出当代建筑表皮设计应充分重视表皮与受众认知途径的搭接及受众对传播的反馈。在表皮设计当中，应当充分考虑到表皮与受众认知途径的搭接以及受众解读的附着因素。受众是信息传播的接受端，对受众的分析是强化认知效果的重要途径。受众对于表皮信息的注意，是表皮传受活动的第一步；受众通过自己的思维活动，对传播内容进行理解；受众与传播者之间以信息为中介相互作用，完成传播与反馈这一动态过程。建筑表皮的信息传播是大众化的传播活动，影响着大众的日常生活、思维方式和行为取向。

总体而言，本书是以传播学作为理论平台，将建筑表皮作为研究对象，探讨建筑表皮所反映的信息以及随时代变迁而不断更迭的社会现象。本书尝试构建一个理论层面的研究框架，将信息传播作为建筑表皮设计的新型理念，为传统建筑学中的设计方法和评价标准提供新的思路。信息传播是随着时代变迁动态发展的，这就决定了针对这一课题的研究势必保持与时俱进的特征和未完待续的状态。

参考文献

1   任军. 新科学观影响下的建筑形态研究[M]. 南京：东南大学出版社，2009：175.

2   http://www.flickr.com/search/?w=all&q=walt+disney+concert+hall&m=text.

3   http://image.baidu.com/i?ct=503316480.

4   [意]玛格丽塔·古乔内编著. 扎哈·哈迪德[M]. 大连：大连理工大学出版社，2008：25.

5   http://www.flickr.com/search/?w=all&q=allianz+arena&m=text.

6   http://www.flickr.com/search/?w=all&q=China+National+Grand+Theatre&m=text.

7   http://www.flickr.com/search/?w=all&q=CCTV&m=text.

8   马建业. 库哈斯和他的《普通城市》[J]. 世界建筑，1998（3）：82-84.

9   周正楠. 媒介·建筑——传播学对建筑设计启示[M]. 南京：东南大学出版社，2003：3.

10   大师系列丛书编辑部. 赫尔佐格和德梅隆的作品与思想[M]. 北京：中国电力出版社，2005：10.

11   王小慧. 建筑文化·艺术及其传播——室内外视觉环境设计[M]. 天津：百花文艺出版社，2000：7.

12   Leatherbarrow D, Mostafavi M. Surface Architecture[M]. London: The MIT Press, 2002: 30-35.

13   辞海编辑委员会. 辞海[M]. 上海：世纪出版集团上海辞书出版社. 1999：30.

14   邵培仁. 传播学[M]. 北京：高等教育出版社，2007：2.

15   胡正荣. 传播学总论[M]. 北京：广播学院出版社，1997：88.

16   毕磊. 建筑从构成走向表层[D]. 大连：大连理工大学硕士学位论文，2004：60-63.

17   http://www.flickr.com/search/?q=Florence+Cathedral+.

18   沈小伍. 建筑表皮情感化的研究. 合肥工业大学硕士学位论文[D]. 2005：6.

19   http://www.flickr.com/search/?w=all&q=Farnsworth+House&m=text.

20   贝斯出版有限公司汇编. 建筑肌理系列：混凝土、钢与玻璃[M]. 江西：科学技术出版社，2002：16.

21   李华东主编，鲁英男等编著. 高技术生态建筑[M]. 天津大学出版社，1998：98.

22   [意]亚历山大·考帕编. 建筑外立面速查手册[M]. 大连理工大学出版社，2008：240.

23   Suzanne Greub & Thierry Greub编. 21世纪博物馆：概念、项目、建筑[M]. 大连理工大学出版社，2008：30.

24   http://www.flickr.com/search/?w=all&q=0-14&m=text.

25   朱莹. 当代建筑创作的现代性趋向研究[D]. 哈尔滨博士学位论文，2009：144.

26　古杰. 消费文化语境下建筑表皮的发展趋势[D]. 北京服装学院硕士学位论文，2008：51.

27　鞠叶辛. 文化消费与当代博物馆建筑设计理念研究[D]. 哈尔滨工业大学博士学位论文，2010：31.

28　http://www.flickr.com/search/?q=Phaeno+science+center#page=4.

29　查尔斯·詹克斯. 建筑符号[M]. 司小虎译. 北京：中国建筑工业出版社，1991.

30　卢盛华等编著. 信息组织与信息传播[M]. 北京：中国人事出版社，2007：151.

31　克里斯汀·史蒂西编. 建筑表皮[M]. 大连理工大学出版社，2009：29.

32　[西]Pilar Chueca编. 立面细部设计分析[M]. 北京：机械工业出版社，2005：109.

33　[英]罗杰·斯克鲁登. 建筑美学[M]. 刘先觉译. 北京：中国建筑工业出版社，1999：62–65.

34　李保峰. 适应夏热冬冷地区气候的建筑表皮之可变化设计策略研究[D]. 北京：清华大学博士学位论文，2004：86.

35　应珺. 分离与整合——当代建筑表皮的一种辩证演进[J]. 建筑师，2004（4）：78.

36　http://sou.zhulong.com/search/searchall.asp?k=SUVA%25E5%25A4%25A7%25E6%25A5%25BC&qf=project.

37　http://image.baidu.om/i?ct=503316480&z.

38　李俊霞. 建筑的比例和尺度[D]. 南京：东南大学硕士论文，2004：75.

39　http://www.flickr.com/search/?w=all&q=czech+building+%EF%BC%8Cfrank+gehry&m=text.

40　《建筑与都市》中文编辑部编. 金属表皮[M]. 宁波出版社，2007：27.

41　Squire and Partners.伦敦的旗舰店和总部[D]. 建筑细部，2009（2）：89.

42　http://photo.zhulong.com/proj/detail11884.htm.

43　余佳编著. 立面[M]. 北京：中国电力出版社，2005：150.

44　托马斯·赫尔佐格. 立面构造手册[M]. 香港时代出版社，2008：229.

45　褚智勇编. 建筑设计的材料语言[M]. 北京：中国电力出版社，2008：145.

46　http://photo.zhulong.com/proj/detail18610.htm.

47　http://photo.zhulong.com/proj/detail29482.htm.

48　张向宁. 当代复杂性建筑形态设计研究[D]. 哈尔滨工业大学博士学位论文，2009：142.

49　http://article.idchina.net/20071128115529.htm.

50　陈坚. 当代建筑的非线性形态构成研究[D]. 湖南大学硕士学位论文，2009：91.

51　麦永雄. 德勒兹与当代性——西方后结构主义思潮研究[M]. 广西师范大学出版社，2007：59–75.

52　http://www.flickr.com/search/?w=all&q=Seattle+public+library&m=text.

53　李清志. 异型建筑[M]. 北京：三联书店，2006：38.

54　[日]伊东丰雄建筑设计事务所. 建筑的非线性设计——从仙台到欧洲[M]. 中国建筑工业出版社，2005：107.

55　苏英姿. 表皮NURBS与建筑技术[J]. 建筑师，2001（8）：85–88.

56　http://www.flickr.com/search/?w=all&q=Beijing+Olympic+National+Aquatic+Center&m=text.

57　http://www.flickr.com/search/?q=Jellyfish+house.

58 李万林. 当代非线性建筑形态设计研究[D]. 重庆大学硕士学位论文, 2008: 120.

59 Neutelings Riedijk. 荷兰希尔维苏姆的视听研究所[J]. 建筑细部, 2009（4）: 30.

60 http://www.flickr.com/search/?w=all&q=China+National+Grand+Theatre&m=text.

61 GA Document 86. ADA. EDITA[G]. Tokey, 2005: 94.

62 [德]伯克哈德·弗罗利奇等编. 金属建筑设计与施工. 北京: 中国电力出版社, 2006: 44.

63 李迈. 玻璃——办公建筑的生态表皮设计[J]. 建筑细部, 2008（12）: 850.

64 Knut Goppert, Sebastian Linden. 慕尼黑奥林匹克游泳馆[J]. 塑料.建筑细部, 2009（2）: 110.

65 http://www.archdaily.com/43336/the-yas-hotel-asymptote/.

66 http://www.flickr.com/search/?q=New+Trade+Fair_Fuksas.

67 http://www.flickr.com/search/?w=all&q=experience+music+project&m=text.

68 布鲁诺·赛维著. 现代建筑语言. 席云平, 王虹译. 北京: 中国建筑工业出版社, 1986: 92.

69 http://www.flickr.com/photos/pijus/8889698/.

70 刘涤宇. 表皮作为方法——从四维分解到四维连续[J]. 建筑师, 2004（4）: 27.

71 http://www.flickr.com/search/?w=all&q=Utrecht+University.+OMA&m=text#page=0.

72 EL. OMA(412）[J]. 2004（4）: 433.

73 J. J. Gibson. Westport[M], Conn.: Greenwood Press. 1950: 30.

74 理查德·韦斯顿, 材料、形式和建筑[M]. 范肃宁、陈佳良译. 北京: 中国水利水电出版社、知识产权出版社, 2005: 183.

75 魏晓. 现代建筑表皮的材料语言研究. 重庆大学硕士学位论文[D], 2007: 59.

76 http://www.flickr.com/search/?q=Phaeno+science+center#page=4.

77 贝思出版有限公司汇编. 砖建筑[M]. 南昌: 江西科学技术出版社, 2002: 29.

78 温德尔. 新泽特博物馆和文献中心[J]. 世界建筑, 2008（4）: 70.

79 [西班牙]帕高. 阿森西奥编著. 高技派建筑[M]. 高红, 尹曾钰译.安徽课教学技术出版社, 2003: 162.

80 http://www.flickr.com/search/?w=all&q=Beijing+Olympic+National+Aquatic+Center&m=text.

81 甘丽雅. 建筑外表皮材料艺术表现研究[D]. 重庆大学硕士学位论文, 2007: 53.

82 Rheinau.立面[J]. 建筑细部, 2007（2）: 152.

83 http://www.flickr.com/search/?w=all&q=Bregenz+gallery&m=text.

84 http://www.flickr.com/search/?w=all&q=Selfridge+department&m=text.

85 http://www.flickr.com/search/?w=all&q=eleventh+avenue&m=text.

86 郑翔敦. 极少主义倾向建筑的形式与技术研究[D]. 天津大学硕士学位论文, 2005: 55.

87 http://www.flickr.com/photos/jimu/3242820873/sizes/o/.

88 王其钧主编. 建筑装饰细部创意[M]. 北京: 机械工业出版社, 2008: 175.

89 http://www.flickr.com/search/?w=all&q=Cincinnati+modern+art+center&m=text#page=1.

90 http://www.moexpo.com/zhanlan/design0624V12009.html.

91　http://www.flickr.com/search/?q=Phaeno+science+center#page=4.

92　http://www.flickr.com/search/?w=all&q=federation+square%3B+melbourne%2C+australia&m=text.

93　http://www.flickr.com/search/?w=all&q=jewish+museum+berlin&m=text.

94　http://photo.zhulong.com/proj/detail30647.htm.

95　http://www.flickr.com/search/?q=Agbar+building#page=2.

96　http://www.flickr.com/search/?w=all&q=the+brandhorst+museum&m=text.

97　邵松. 建筑立面细部创意[M]. 北京：机械工业出版社，2007：74，32.

98　魏晓. 现代建筑表皮的材料语言研究[D]. 重庆大学硕士学位论文. 2007：78.

99　蒋妙菲. 新型的大众传播——北京五棵松文化体育中心设计理念[J]. 时代建筑. 2003（2）：64.

100　http://www.flickr.com/search/?w=all&q=allianz+arena&m=text.

101　布正伟. 结构构思论——现代建筑创作结构运用的思路与技巧[M]. 机械工业出版社，2006：30–40.

102　朱周胤. 基于建筑创作的结构表现研究[D]. 重庆大学硕士学位论文，2008：35.

103　http://www.flickr.com/search/?w=all&q=federation+square%3B+melbourne%2C+australia&m=text.

104　http://www.flickr.com/photos/88277742@N00/257855152/sizes/l/.

105　OMA.OMA为中国电视巨擘CCTV设计新总部大楼[J]. 城市建筑，2009（11）：31.

106　王玲. 基于结构形态的建筑造型研究[D]. 重庆大学硕士学位论文，2007：102.

107　王睿. 高层建筑造型艺术与结构概念设计[D]. 重庆大学硕士学位论文，2007：61.

108　http://www.flickr.com/search/?w=all&q=Edificio+Manantiales&m=text.

109　http://www.flickr.com/search/?w=all&q=Broadgate+Building&m=text.

110　GA Architect.TOYO ITO[G]．EDITA Tokyo Co．Ltd，2001：188.

111　http://www.flickr.com/search/?w=all&q=U.S.+Pavilion+Montreal+Expo&m=text.

112　[西班牙]帕高·阿森西奥编著. 高技派建筑[M]. 高红，尹曾钰译. 安徽科学技术出版社，2003：154.

113　http://www.flickr.com/search/?w=all&q=China+National+Grand+Theatre&m=text.

114　EL Croquis．HERZOG&de MEURON[G]．Actar Press，348：320.

115　http://www.flickr.com/search/?w=all&q=Swiss+Tower&m=text.

116　http://www.flickr.com/search/?w=all&q=Korkeasaari+zoo+lookout+tower&m=text.

117　任肖莉. 当代建筑构造的功能扩展与表现延伸[D]. 天津大学硕士学位论文，2008：75.

118　[德]布朗编. 1000 X EUROPEAN ARCHITECTURE[M]. 辽宁科学.技术出版社，2006：1014.

119　Ernst Gisecbrecht. 奥地利的Kiefer技术展厅[J]. 建筑细部，2008（8）：541.

120　李胜才. 钢结构建筑中节点系统的解析与建构[D]. 同济大学博士学位论文，2007：83.

121　林峰. 建筑表皮的生成[D]. 南京：东南大学硕士学位论文，2005：57.

122　李胜才. 钢结构建筑中节点系统的解析与建构[D]. 上海：同济大学博士学位论文，2007：83.

123　[英]罗杰·迪金森等编. 受众研究读本[M]. 单波译. 北京：华夏出版社，2006：60–65.

124　北京师范大学等四院校编写. 普通心理学[M]. 陕西人民教育出版社，1982：254.

125   李峰. 关于建筑表皮问题的研究[D]. 天津大学硕士学位论文，2006：38.

126   Triptyque, Sao Paulo. 圣保罗旗舰店[J]. 建筑细部，2010（4）：258.

127   Cf. Interview with Jacques Herzog.Arcitektur als Kunst ist unertraglich[M]. Die Zeit no 21，2004. 5.

128   http://www.flickr.com/search/?w=all&q=+ricola+factory&m=text.

129   http://www.flickr.com/search/?q=Airspace+Tokyo.

130   郑兴东. 受众心理与传媒引导[M]. 北京：新华出版社. 2004：86.

131   [德] 英格伯格·弗拉格等编，托马斯·赫尔佐格[M]. 李保峰译. 北京：中国建筑工业出版社，2003：198.

132   http：//photo. zhulong. com/proj/detail5620. htm.

133   [英] 彼得·绍拉帕耶. 当代建筑与数字化设计[M]. 北京：中国建筑工业出版社，2007：107.

134   冯路. 表皮的历史视野[J]. 建筑师，2004（8）：12.

135   Frederick, Howard H. Global Communication & International RelationsShohakusha[M]. Tokyo，1996：11.

136   吴焕加. 论现代西方建筑[M]. 北京：中国建筑工业出版社，1997：198.

137   [美] W.宣伟伯.传媒、信息与人[M]. 余也鲁译. 北京：中国展望出版社，1985：47.

138   http://www.flickr.com/search/?w=all&q=guangzhou+opera+house&m=text#page=0.

139   http://www.flickr.com/search/?w=all&q=dubai+opera+house&m=text.

140   http://jzt8.cn/dispbbs.asp?boardid=51&Id=1540.

141   http://www.flickr.com/search/?w=all&q=Caixa+Forum+Museum&m=text#page=5.

142   http://www.flickr.com/photos/theurbansnapper/2560780040/.

143   冯婧萱. 旧建筑改造中的表皮更新[D]. 天津大学硕士学位论文，2007：41.

144   Philip Jodidio. Lunzuo Piano[M]. Oversea Publishing House，2005：60.

145   http://www.flickr.com/photos/jagerjanssen/3378363213/.

146   http://www.f−o−a.net/#/projects/501.

147   赵建波. 基于生活观、科学观和教育观的研究型建筑设计思想[D]. 天津大学博士学位论文，2008：32.

148   future arquitecturas s. l.. FUTURE ARCHITECTURE[M]. 浙江大学出版社，2010：130.

149   Gigon, Guyer. 卢塞恩交通博物馆[J]. 建筑细部，2009（12）：860.

150   王又佳. 建筑形式的符号消费[D]. 北京：清华大学博士学位论文，2004：84.

151   http://www.flickr.com/search/?w=all&q=CCTV&m=text.

152   谷杰. 消费文化语境下建筑表皮的发展趋势[D]. 北京服装学院硕士学位论文，2008：84.

153   http://www.flickr.com/search/?w=all&q=Euralille&m=text#page=11.

154   李翔宁. 图像、消费与建筑[J]. 建筑师，2004（4）：62.

155   http：//image. baidu. com/LV.

156   John A. Loom. Revolution of Forms[M]. Princeton Architectural Press, 1999.

157   John Frazer.An Evolutionary Architecture[M]. Architectural Association, 2003.

158   Richard Register.Ecocities:Building Cities in Balance with Nature[M].Berkeley Hills Books, 2002.

159   Georges Binder. Contemporary high-rise apartment and mixed-use buildings[M]. The Images Publishing Group Pty Ltd., 2002.

160   Thomas Herzog. Thomas Herzog: architecture + technology[M]. New York: Prestel, 2001.

161   Alexander Tzonis. Liane Lefaivre. Tropical architecture: Critical Regionalism in the age ofglobalization[M]. Wiley-academy, 2001.

162   James Steele. Architecture Today[M]. Phaidong press, 2001.

163   Gerhard Schmitt. Information Architecture[M]. Berlin: Birkhauser, 1999.

164   Peter Noever. Architecture in Transition[M]. Prestel, 1991.

165   Philip Jodidio. Building a New Millennium[M]. Taschen, 1999.

166   Charles Jencks. Ecstatic Architecture[M]. Academy Editions, 1999.

167   Harding, d. w. Reader and Author[M]. Chatto and Windus, 2002.

168   Johathan Hill. Actions of Architecture[M]. Routledge, 2003.

169   Appadurai. A. Cultural Dimensions of Globalization[M]. Minneapolis: Sage, 1998.

170   Bennett, Tony. Culture: A Reformer's Science[M]. London: Sage, 1998.

171   Barker, C. Cultural Studies Theory and Practice[M]. London: Sage, 2000.

172   Charles Landry. The Creative City: A Toolkit for Urban Innovators [M]. London: Earthscan, 2000.

173   Charles Landry. London as a Creative City[M]. London: Earthscan, 2004.

174   Hesmondhalgh, David. The cultural industries[M]. London: Sage, 2002.

175   Greg Lynn.Architecture and Science[M]. London:Wiley-Academy, 2001.

176   James Steele. Architecture Today[M]. Phaidong press, 2001.

177   Cynthia e Davidson. Architecture beyond Architecture[M]. Academy Editions, 1995.

致　谢

　　本书是基于我的博士论文《当代建筑表皮信息传播研究》修改完成的。在此过程中，许多人给予我学术与生活上的关怀与助益，没有他们很难想象有该成果的完成。

　　求学于哈工大十余载，期间，学业上的困惑与突破、生活上的挫折与喜悦，成就了一段铭刻在心的珍贵记忆。希望将此书作为一个印记，点缀其间。然而，在本书即将付梓之际，心中反而变得更加忐忑，唯恐辜负了他们对我的殷切期盼。

　　首先，我要把最诚挚的感谢献给我的导师梅洪元教授。从师七载，却总觉时光短暂。先生睿智高远的思想洞见、严谨求实的治学态度和精益求精、永不放弃的拼搏精神，是我一生学习的榜样。七年间，恩师在学业上和生活上都给予我太多的指导与帮助；先生总是在最关键的时刻给予我有力的扶持。从懵懂入学到参与工程实践、从忐忑选题到论文答辩，每一阶段都凝聚了先生的心血；心中的感激难以言表。恩师关切的话语和坚定的目光，永远是学生前进的动力！

　　感谢哈尔滨工业大学的诸位教授，在我选题、写作及答辩过程中给予的悉心指导。诸位先生多年来一直关注我的成长，使学生终生受益，深怀感激！

　　感谢师兄曲冰以及哈工大设计院北京创作中心的全体同仁给予的莫大关怀。那段工作与学习并进的日子将是我人生中非常宝贵的财富。感谢陈剑飞、付本臣、孙澄等师兄、师姐在论文写作过程中给予的无私帮助。感谢鞠叶辛、费腾等曾在"博士孵化器"并肩作战的兄弟姐妹，困境中鼓励的话语、问询的声音犹在耳畔！

　　此外，还要感谢北京建筑大学建筑与城市规划学院的领导和各位同事：张大玉教授、田林教授、马英教授、欧阳文教授等，工作中的关怀与帮助，学术上的引导与敦促，使我在繁忙的工作中不忘初心、成就此书。

感谢北京市自然科学基金（8154042），感谢北京建筑大学博士启动基金（101200103），感谢北京建筑大学出版基金的资助。

感谢中国建筑工业出版社张建编辑对本书的真挚关心与协助。

最后，还要深深地感谢我的父母，有他们的爱一直陪伴左右是世界上最幸福的事情；感谢我的先生王冠，任何时候他都是我坚定的支持者；感谢我的儿子，他的笑脸是我最大的鼓励；感谢我的每一位亲人，正是他们至爱的阳光给予我力量，使我努力向上、坚持不懈！

掩卷远眺，也许，下一阶段的跋涉正在缓缓拉开序幕……

俞天琦

图书在版编目（CIP）数据

当代建筑表皮信息传播研究 / 俞天琦，梅洪元著. —北京：中国建筑工业出版社，2016.10
ISBN 978-7-112-19767-5

Ⅰ.①当… Ⅱ.①俞… ②梅… Ⅲ.①建筑物－室外装饰－研究
Ⅳ.①TU238.3

中国版本图书馆CIP数据核字（2016）第211135号

责任编辑：张　建
责任校对：王宇枢　李欣慰

当代建筑表皮信息传播研究

俞天琦　梅洪元　著
*
中国建筑工业出版社出版、发行（北京海淀三里河路9号）
各地新华书店、建筑书店经销
北京锋尚制版有限公司制版
北京建筑工业印刷厂印刷
*
开本：787×1092毫米　1/16　印张：14¾　字数：265千字
2018年5月第一版　2018年5月第一次印刷
定价：48.00元
ISBN 978－7－112－19767－5
（29328）